"十四五"普通高等教育本科部委级规划教材
福建省"十四五"普通高等教育本科规划教材立项项目

运动鞋结构设计与制板

张 英 主编

中国纺织出版社有限公司

内 容 提 要

本书为"十四五"普通高等教育本科部委级规划教材，福建省"十四五"普通高等教育本科规划教材立项项目。全书以图文并茂的形式系统阐释了不同成型工艺对应的半面板制作方法、运动鞋结构图绘制技法及制板过程中产生的跷度类型及取跷原理与方法。

本书以案例形式详细介绍了跑鞋、板鞋、休闲鞋、篮球鞋等鞋类产品结构设计与制板方法。学生通过学习本书内容，能较为全面、系统地掌握运动鞋类产品的制板技术理论与方法，为深入研究运动鞋制板理论、技术提供一定依据和参考。

本书适合作为高等教育鞋类设计与工艺专业课程教材，同时也适合鞋类相关从业人员参考使用。

图书在版编目（CIP）数据

运动鞋结构设计与制板 / 张英主编. -- 北京：中国纺织出版社有限公司，2024. 8. --（"十四五"普通高等教育本科部委级规划教材）. -- ISBN 978-7-5229 -1856-3

I. TS943. 74

中国国家版本馆CIP数据核字第2024C90A38号

责任编辑：施 琦　　责任校对：寇晨晨　　责任印制：王艳丽

中国纺织出版社有限公司出版发行

地址：北京市朝阳区百子湾东里A407号楼　邮政编码：100124

销售电话：010—67004422　传真：010—87155801

http://www.c-textilep.com

中国纺织出版社天猫旗舰店

官方微博 http://weibo.com/2119887771

三河市宏盛印务有限公司印刷　各地新华书店经销

2024年8月第1版第1次印刷

开本：787×1092　1/16　印张：10.25

字数：300千字　定价：49.80元

主 编：

张 英

参 编：

张瀚泓

李志达

郑新铸

刘 阳

金琼如

谢杰玲

吴伟东

邱霆辉

林 晴

序

21世纪以来，国民健身运动的热情日益高涨，运动鞋已成为我国服装领域中发展最为亮眼的品类之一。随着全民健身在2014年上升为国家战略，运动鞋行业进入了一个新的增长期。

统计数据显示，2010年全球运动鞋市场规模已达677.56亿美元，到2016年全球运动鞋市场规模达到1126.38亿美元，预计到2025年，全球运动鞋市场规模将达到3791亿美元左右。

反观目前我国运动鞋市场，尽管品牌众多，产能也超过全球产能的一半，但多集中在中低档运动鞋市场，真正在中高档市场具有特别强的品牌影响力和占据市场高份额的品牌屈指可数，这也与国内相关产业的科技进步和专业人才培养息息相关。

令人欣喜的是，由陕西科技大学培养的许多毕业生已经成长为遍布国内相关院校的师资骨干，他们在科学研究和人才培养方面持续发力，为我国制鞋产业的发展不断做出贡献。

本书作者张英是陕西科技大学的硕士研究生，自毕业后一直在三明学院任教，无论是理论水平还是专业技能都已今非昔比。近日收到了她编写的《运动鞋结构设计与制板》书稿，我更加为她感到高兴。

与已出版的鞋类设计书籍相比，本书有以下二个特点：一是"内容聚焦"。以案例式教学手法，紧扣运动鞋的结构设计和制板内容。案例所选款式新颖，每个案例从母板制备到样板制作都配有精准、丰富的图例，以图文结合的形式讲解每一类鞋的结构特点与制板要点，适合作为运动鞋制板专业的教材。二是"授人以渔"。通过详尽的案例分析，引导学生自主学习，使学生能通过案例掌握各产品品类样板制作的规律，做到举一反三。三是"注重实用"。书中案例均能联系目前企业的实际生产，讲原理、讲流程、讲技法，使学生今后能更好地胜任相关工作。本书各章的最后还附有学生的开板案例，反映出本书作者这些年在该课程教学中付出的努力和心血。

这本专业教材既涉及足踝解剖基础和鞋类结构，又涵盖主要运动鞋产品的样板制作原理和技法，适用于鞋类设计与制造专业教学，同样也可作为鞋类设计爱好者的自学教材，相信会受到广大学生和读者的喜爱。

弓太生
2022年6月于陕西科技大学

前　言

时光荏苒，新时代呼唤着更高水平的人才培养，教育体系正迎来深刻的变革。应用型高校作为培养实用型人才的摇篮，正面临人才培养模式的转变、教学方法的创新。党的二十大精神为应用型高校教育提供了明确的指导思想，要求应用型高校教育服务国家发展需求，培养适应社会需求的高素质人才，推动创新创业，强化素质教育，培养学生的终身学习观念。

近几年应用型高校人才培养模式的主要转变是从传统的知识传授为主转变为以学生为中心的教育模式，注重培养学生的实际能力、综合素质和创新思维。本书的编写正是基于对党的二十大精神的深刻领悟及应用型高校人才培养模式转变的理解。

中国是亚洲乃至全世界最大的运动鞋生产和制造基地，而且中国的运动鞋服行业正处于快速成长阶段。目前，福建省是国内最主要的运动鞋生产、研发基地，本书的顺利完成亦得益于此地理优势。

运动鞋服市场潜力较大，但系统论述鞋类结构与制板的著作稀缺，自2011年高士刚出版《运动鞋结构设计》一书后，市面上几乎再未见过运动鞋结构与制板方面的书籍。本书是笔者对10余年来运动鞋制板教学工作的总结，前后历时3年编写而成。在此期间走访福建省数家运动鞋服企业，并进修学习，以切合企业的实际工作为导向，进行了本书的章节设置，与运动鞋企业研发部门的分组对应，包含跑鞋、休闲鞋、板鞋、篮球鞋。同时，历届毕业生给予了极大的帮助，曾经教学付出的努力如今变成推动笔者进步的力量，教学相长，真的是一件幸福的事情。

本书内容具有以下特点：

（1）内容以案例式展开，突出应用性和实践性，符合应用型人才培养要求：本书以案例式分析为内容展开方式，系统介绍了传统跑鞋、现代跑鞋、板鞋、篮球鞋等鞋类结构设计与制板原理及方法，且将原理与方法结合企业案例以图文形式呈现，讲原理、讲流程、讲技法，便于不同基础的读者学习与研究。案例式教学较片段教学更具完整性，更易于学生学习掌握。

（2）制板方法与时俱进，贴近行业需求和社会实践：鞋类设计与制板方向教材较为匮乏，而鞋类制板技术随材料、工艺等变化不断更新，因此，现有教材款式过时，开板方法陈旧。本书以企业现用主流方法为编写依据，积极吸纳新工艺、新方法，结合图例与视频展示给读者，增强可读性、新颖性与实用性。

（3）设计课后开放式练习，注重培养学生创新与综合实践能力：本书课后练习均为开放式练习，由学生根据基础款设计出符合自己审美的鞋款，然后进行开板练习，不仅可以激发学生的学习兴趣，而且可以检验其掌握程度，同时可以很好地杜绝部分学生抄袭作业的现象，有助于培养学生的创新与综合实践能力。

（4）增加视频数字资源：由于鞋类开板操作是动手性极强的动态过程，仅有图文案例，不便于学生课前预习及课后复习。因此，本书将动态性、技巧性强的操作制作成小视频，清晰、直观，有益于此类实操性强的课程学习。

本书由张英主编、信玉峰副主编，中乔体育股份有限公司制板师张瀚泓及三明学院教师刘阳、谢杰玲参编。除参与部分章节内容的编写外，张瀚泓还提供全书编写过程中相关制板技术指导。刘阳老师进行本书课程思政元素的提炼并与笔者共同完成后期校稿工作，谢杰玲老师参与前期调研及书中插图的绘制工作。

本书编写过程中得到中乔体育股份有限公司与匹克（中国）有限公司的大力支持与帮助。同时，三明学院2011级学生朱宏森，2014级学生郑新铸，2017级学生沈婉婷、黄璐露等在本书撰写过程中给予技术与工艺问题的解答，2020级学生吴伟东绘制本书中的部分插图，在此一并表示衷心的感谢！

由于编者水平有限，书中难免有不足之处，恳请广大读者批评指正，我们将不断地进行修正和完善。

张 英

2024年5月

教学内容及课时安排

章／课时	课题性质／课时	节	课题内容
第一章 （26课时）	基础理论与实践 （26课时）		·运动鞋结构设计与制板基础
		一	脚型规律与运动鞋结构设计
		二	运动鞋楦及制板工具
		三	半面板制作与母板跷度
		四	运动鞋基础框架绘制与母板比例
			本章小结与综合练习
第二章 （16课时）	案例分析与实践 （80课时）		·C型前套慢跑鞋结构设计与制板
		一	C型前套慢跑鞋结构图绘制
		二	C型前套慢跑鞋面料样板制取
		三	C型前套慢跑鞋里样及其他补强样板制取
			本章小结与综合练习
第三章 （16课时）			·W（T）型前套休闲鞋结构设计与制板
		一	W（T）型前套休闲鞋结构图绘制
		二	W（T）型前套休闲鞋样板制取
			本章小结与综合练习
第四章 （16课时）			·素头外耳式板鞋结构设计与制板
		一	侧面板降跷原理与方法
		二	素头外耳式板鞋结构图绘制
		三	素头外耳式板鞋样板制取
			本章小结与综合练习
第五章 （16课时）			·封闭飞尾式轻便跑鞋结构设计与制板
		一	半面板处理（套楦工艺）
		二	封闭飞尾式外框及结构图绘制
		三	封闭飞尾式飞织轻便跑鞋结构设计与样板制取
			本章小结与综合练习
第六章 （16课时）			·中帮篮球鞋结构设计与制板
		一	半面板处理（套楦工艺）
		二	中帮篮球鞋结构图绘制
		三	中帮篮球鞋结构设计与样板制取
			本章小结与综合练习

注 各院校可根据自身的教学特点和教学计划对课时数进行调整。

目　录

第一章

运动鞋结构设计与制板基础

课题名称： 运动鞋结构设计与制板基础

课题内容： 1. 脚型规律与运动鞋结构设计

2. 运动鞋楦及制板工具

3. 半面板制作与母板跷度

4. 运动鞋基础框架绘制与母板比例

5. 本章小结与综合练习

课题时间： 26 课时

教学知识目标： 1. 理解脚型规律与运动鞋的结构设计间的关系

2. 掌握运动鞋的结构组成及部件命名

3. 掌握运动鞋楦特点

4. 掌握基线设计法原理及其应用

教学能力目标： 1. 能独立完成贴楦、展平、折中等侧面板制备操作

2. 能根据不同鞋款画出对应的外框结构图

课程思政目标： 1. 强化人文关怀与本土设计意识：在脚型规律学习及重要性认知中，强化人文关怀意识和为国人脚型特点而设计的意识

2. 倡导实践创新与实干精神：了解一线工人以实干精神推动生产效率的提升，树立"实干兴邦"的职业信念

教学方式： 教师通过演示文稿（PPT）图文讲解、实物鞋现场分析、视频观看、现场演示等形式帮助学生学习基础理论知识与相关技能要点，学生在理解的基础上进行讨论与综合练习，最后教师根据学生的提问及练习中存在的问题逐一分析解答

课前（后）准备： 课前了解本章学习内容安排，提倡学生多查阅关于运动鞋设计基础理论书籍及其他资料。课后要求学生复习相关内容，完成综合练习，掌握所学理论与技能要点

相较于皮鞋，运动鞋具有与之不同的结构设计与特点，运动鞋制板流程及方法与皮鞋也存在诸多差异。本章通过学习脚型规律与运动鞋结构设计、运动鞋楦及制板工具、半面板制作与母板跷度及运动鞋基础框架（外框）绘制与母板比例等运动鞋结构设计与制板的基础知识，为后续课程学习打下良好的基础。

第一节　脚型规律与运动鞋结构设计

运动鞋设计的目的是服务于人，使人拥有更加舒适的穿着体验，能够更好地辅助运动，因此，作为鞋类设计者，对人体脚部结构必须有所了解，这是鞋样设计者必备的基础知识。

脚是人体直接接触地面支撑身体的部分，是人体重要的组成部分，有助于人体开展各种活动。脚从外形上来说包括脚趾、脚背、脚腕、踝骨、后跟和脚掌等部分。

一、足部骨骼构造与名称

人体足部由骨骼、肌肉、血管、神经等组织构成，其中足部骨骼与运动鞋结构设计关系最为密切。脚骨由26块骨头组合而成，可以划分为趾骨区、跖骨区及跟骨（跗骨）区。如图1-1所示，趾骨区共14块骨头（除拇指由2块骨头组成外，其余四指均有3块骨头），跖骨（中足）区由5块跖骨组成，跟骨区由7块骨头组成，分别为3块楔骨、骰骨（方形骨）、舟状骨、距骨及跟骨。

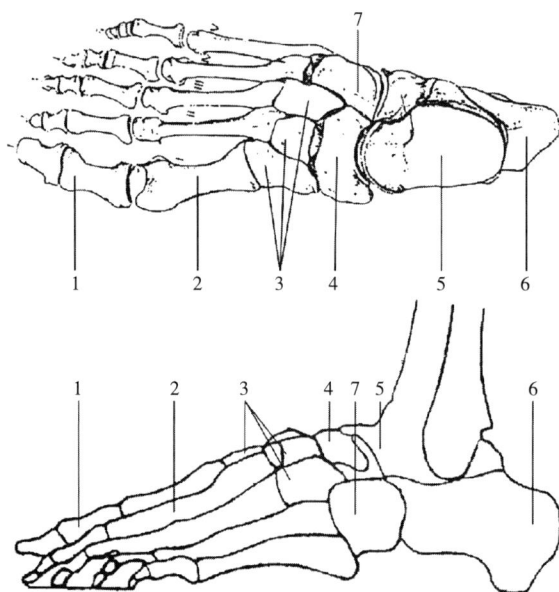

图1-1　足部骨骼示意图

1—趾骨　2—跖骨　3—楔骨　4—舟状骨　5—距骨　6—跟骨　7—骰骨（方形骨）

二、脚型与骨骼百分比

（一）足部骨骼构造与百分比

足部的运动，不外乎前进、后退、左移、右移、扭转，这些运动与足部脚趾部位、脚背部位、后跟部位、脚踝骨部位及上部的小腿骨、大腿骨的关节运动相关，研究足部各部位骨骼的比例关系，有助于为运动鞋结构设计者提供参考。

首先从足部前端脚趾起至后跟骨止，将其划分为100等份，找出趾骨区、脚背部分的跖骨区及后踵部位的跟骨与脚长百分比关系，为结构设计提供参考，如图1-2所示。

（1）趾骨区：由14块小趾骨组成，除拇指为2块小趾骨外，其他各趾均为3块小趾骨，其百分比值0~35%，顶视略呈弧形变化。

（2）跖骨（中足）区：由位于前脚掌至脚背之间的5块跖骨构成，其百分比值为25%~60%，顶视亦呈弧形变化。

（3）后跟骨（跗骨）区：由7块骨头构成，分别为3块楔骨、骰骨（方形骨）、舟状骨、距骨及跟骨，其百分比值为51%~100%。

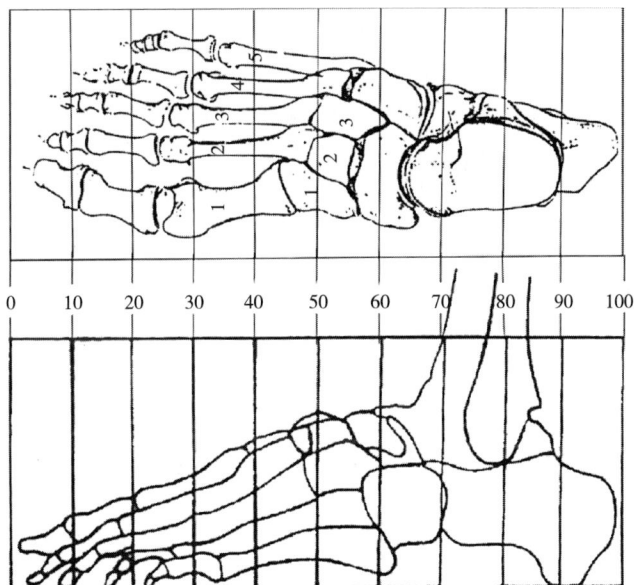

图1-2　足部骨骼构造与百分比

（二）足部外形构造与百分比

所谓足部外形构造是指足部骨骼加上肌肉、血管、皮肤等，其外观百分比值较足部骨骼百分比值会有略微变化，足部外形构造与百分比如下（图1-3）。

1. 脚趾部位

脚趾部位为脚前端至脚掌弯曲处，其百分比0~30%，当身体中心前移时，此处有缓冲支撑作用。

2.脚背部位

脚背部位为前掌弯曲点至脚背最高端点与地面垂线之间一段，百分比为27%~60%，低帮运动鞋的脚山位置应设计在脚背最高点之前，此部分与地面接触部位在外侧，内腰部位呈中空状态，具有分散与调整身体重心的功能。

3.脚后跟部位

脚后跟部位为脚背最高点与地面垂线至脚后踵端点，其百分比为61%~100%，是人体的主要承重部位，无论静止或运动状态，此处均为主要支撑部位。同时又与人体中枢神经呈一条直线，因此，在底纹设计或鞋垫设计时，此处均要使用柔软或富有弹力、具有减震功能的材料；对于鞋面设计，后踵部位的稳定性决定鞋子穿着的稳定性，一般在此位置会由内而外设计稳定性部件，如港宝、后套等。

4.内腰窝部位

内腰窝部位为自脚掌弯曲点后方至脚背与后踵衔接处，其百分比为30%~80%，即在上书所述及内腰部位之中空部分，略呈弧形曲线变化，因其中空，故具有弹力与减震功能，能将足部受力平均分散至脚掌各部位，为身体重心的传导路线，有调节身体受力平衡的功能。一般内腰弓形弧线长于外腰，因此，在设计鞋垫时，通常内腰位置会设计月牙形外凸造型，以提高穿着舒适性。

5.足踝部位

足踝高度为脚长的33%左右，位置为自后跟部位起23%左右，因此，在结构设计中，足踝位置与高度设定可以此为依据。

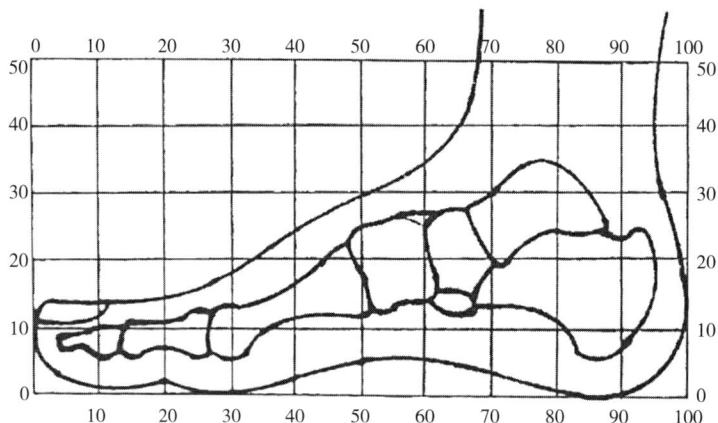

图1-3　足部外形构造与百分比

三、脚型规律与结构设计

脚型规律是指不同性别、不同年龄、不同地区、不同职业人群脚型所具有的共同特点和共同的变化趋势。脚型规律的出现是在大量样本采集的基础上，再通过数理统计的方法加以分析，最后得出某一人群脚型特点的变化规律。我国全国范围的脚型数据测量工作距今时间较为久远，但所得规律对于鞋靴结构设计依然具有指导意义。

（一）常用脚型规律值

脚型规律内容较多，其中长度系数、高度系数、围度系数为常用的脚型规律值。根据规律值可以得出某一特征部位的相关数据，辅助鞋类设计。

1. 长度系数

长度系数是指脚的各特征部位长度与脚长的比例。脚长不同于楦底样长，楦底样长=脚长+放余量−后容差，因此，楦底样长肯定大于脚长。脚长是通过脚印图得到的，是脚趾前端点与后跟凸点在底中线上投影间的长度。掌握长度系数，在得到脚长后，就可以通过长度系数计算出其他特征部位的长度数据。相关长度系数见表1-1。

表1-1　全国成年男女脚型长度系数

部位	长度系数 占脚长比例/%	男255号 脚长/mm	女235号 脚长/mm	备注
脚长	100	255	235	
拇指外凸点部位长	90	229.5	211.5	
*小趾端点部位长	*82.5	*210.4	*193.9	
小趾外凸点部位长	78	198.9	183.3	*根据2003年脚型调查结果，于2004年该项目长度系数修订为84%；男255号脚长：255×84%=214.2（mm）；女235号脚长：235×84%=197.4（mm）
第一跖趾关节部位长	72.5	184.9	170.4	
第五跖趾关节部位长	63.5	161.9	149.2	
前跗骨突点部位长	55.3	141.0	130.0	
外腰窝部位长	41	104.6	96.4	
舟上弯点部位长	38.5	98.2	90.5	
外踝骨中心部位长	22.5	57.4	52.9	
踵心部位长	18	45.9	42.3	

注　儿童脚型长度规律值与成人相同。

2. 高度系数

高度系数是指脚的各个特征部位高度与脚长的比例，见表1-2，通过比例系数与已知脚长，即可算出特征部位的高度数值。

表1-2　全国成年男女脚型高度系数

部位	高度系数 占脚长比例/%	男255号 脚长/mm	女235号 脚长/mm
拇指高度	8.54	21.78	20.07
第一跖趾关节高度	14.61	37.26	34.33
前跗骨突点高度	23.44	59.77	55.08

续表

部位	高度系数 占脚长比例/%	男 255 号 脚长/mm	女 235 号 脚长/mm
舟上弯点高度	32.61	83.16	76.63
外踝骨中心下沿点高度	20.14	51.36	47.32
后跟凸点高度	8.68	22.13	20.40
后跟骨上沿点高度	21.66	55.23	50.90
脚腕高度	52.19	133.08	122.65
腿肚高度	121.88	310.79	286.42
膝下高度	154.02	392.75	361.95

注 儿童脚型高度规律值与成人相同。

3. 围度系数

围度系数是指脚的特征部位围度与脚跖围长度的比例。脚跖围是指围绕脚的第一和第五跖趾关节一圈所得周长，脚跖围长不同于楦跖围长，设计不同鞋款时，两者具有不同的配合关系。相关围度系数见表 1-3。

表 1-3　全国成年男女及儿童脚型围度系数

部位	成年男（二型半）女（一型半）			儿童（二型）围度系数/%		
	围度系数/%	男 255 号 脚长/mm	女 235 号 脚长/mm	大童	中童	小童
跖围	S	246.5	225.5	S=0.9×脚长+4.5+7×型		
跗围	$100 \times S$	246.5	225.5	$100 \times S$	$101 \times S$	*$102 \times S$
兜围	$131 \times S$	322.92	295.41	*$132 \times S$	*$131 \times S$	*$129 \times S$
脚腕围	$86.23 \times S$	212.56	194.45	平均值：$90.25 \times S$		
腿肚围	$135.55 \times S$	334.13	305.67	平均值：$125.96 \times S$		
膝下围	$125.95 \times S$	310.47	284.02	平均值：$120.65 \times S$		
备注	$S=0.7×脚长+50.5+7×型$			*该数据参考了2004年的脚型调查结果修订量		

（二）脚型规律与结构设计的关系

利用脚型规律进行鞋类结构设计，不仅是为了增加设计的准确性，更重要的是可以提高设计的科学性，设计越符合脚型规律，成品鞋的穿着舒适性越好，这也是人性化设计的基本要求。在运动鞋帮面结构设计中，口门位置、脚山位置、足踝位置以及脚山高度、后踵高度、足踝高度就是运用脚型规律进行设计的。

1. 口门位置

口门位置是指鞋口前端与背中线相交的位置，也叫作前开口位置。运动鞋的口门位置比较靠前，属于浅口门类型，设计时一般要取在鞋楦跖围线与背中线交点V_0点之前，如图1-4所示。口门位置取在V_0点之前，避开跖围这一弯折部位，更利于人脚部的运动。

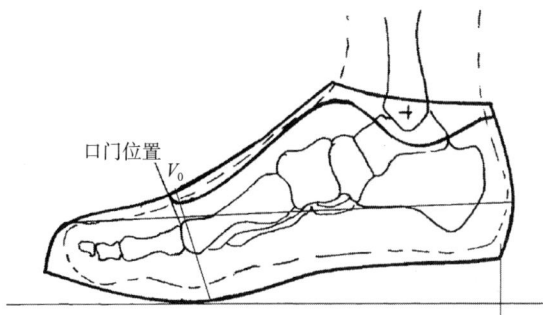

图1-4　口门位置设计

2. 脚山位置

脚山位置是低帮运动鞋中的最高点，也是鞋前开口和后领口的分界控制点，所以脚山位置设计显得非常重要。脚山位置过于靠前，则后领口变长，鞋的抱脚性能减弱；脚山位置过于靠后，会加大鞋带对脚的绑缚作用，穿着舒适感减弱；脚山的基本位置设计在舟上弯点处比较合理，此处既可以满足后领口的抱脚能力，又不至于使鞋带对脚产生较大绑缚压力，功能性与舒适性兼备。

在皮鞋设计中，鞋前帮总长度会控制在舟上弯点之前，主要是为了防止活动时鞋子卡磨脚弯部位，但在运动鞋设计中，前开口款式加上附合海绵的鞋舌护脚，不会造成磨脚现象。

从鞋子外形来看，舟上弯点几乎处于"黄金分割点"上，舟上弯点占脚长的比例是38.5%，从前向后测量就是61.5%，接近0.618，因此将脚山点设计在舟上弯点附近，鞋子整体比例协调美观，如图1-5所示。

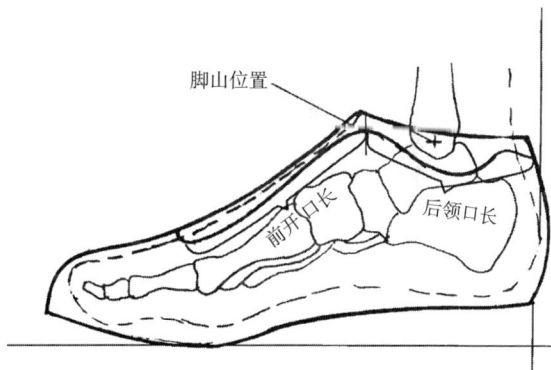

图1-5　脚山位置设计

3. 足踝位置

足踝位置可以直接按脚型规律值求出，外踝骨中心部位占脚长的22.5%。在皮鞋设计中，强调足踝位置，是为了防止鞋帮卡磨脚踝骨。运动鞋的后领口位置一般都会设计领口海绵部件，且有柔软的翻口里部件，不会卡磨领口位置，因此，在运动鞋结构设计中，足踝位置主要考虑是否影响脚的灵活运动，一般设计在脚踝骨球以下0~15mm。

4. 脚山、足踝和后踵高度

脚山、后踵和足踝的高度分别在三个位置，放在一起分析是要对"三高"的统一性设计引起重视。从造型上看，三个高度的分割比例要协调有序；从控制高度上看，三者都与脚的踝关节有直接关系，在设计时要考虑三者的协调美观性，如图1-6所示。

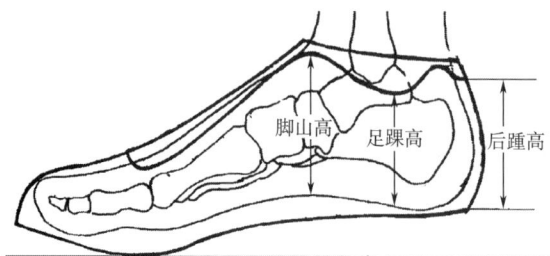

图 1-6　脚山、后踵和足踝高度

踝关节属于屈戍关节，是一种只能做屈伸运动的关节。踝关节由胫骨、腓骨下端的关节面与距骨滑车构成，故又名"距骨小腿关节"。胫骨的下关节面及内、外踝关节面共同形成的"门"形的关节窝，容纳距骨滑车（关节头），由于滑车关节面前宽后窄，当足背屈（脚尖向上翘起，靠近小腿前侧）时，较宽的前部进入窝内，关节稳定；但在跖屈（脚向跖侧移动）时，如走下坡路时滑车较窄的后部进入窝内，踝关节松动且能做侧方运动，此时踝关节容易发生扭伤，其中以内翻损伤最多见，因为外踝比内踝长而低，可阻止距骨过度外翻。

脚在做背屈运动时，可以明显看到舟上弯点附近皮肤有深深的褶皱，这是踝关节运动的结果。在脚型测量时，舟上弯点的高度占脚长的32.61%（可用33%），这就是设计脚山高度的基础数据。同样，在脚做跖屈运动时，脚后跟向上移动，在小腿和脚后跟之间会形成一个后弯点，后弯点高度等同于舟上弯点高度，因为两者是同一关节运动形成的，只是由于运动方向不同，一个形成前弯，另一个形成后弯，如图1-7所示。

后弯点高度是设计低帮运动鞋后踵高度的上限控制点，常规后帮设计超过该点高度就会产生顶脚、磨脚现象。舟上弯点与后弯点等高，但运动鞋中脚山高度明显高于后帮高度，主要是由于前开口式结构加上附合海绵的鞋舌，使脚山处不会卡磨脚部。

最后，关于足踝高度，前面已经分析过，一般由于运动鞋的材料与结构特征，不会卡磨踝骨，因此可以不必遵循脚型规律，即踝骨高度占脚长的20.14%来控制。足踝高度取决于整体协调性并无碍于运动性，一般低帮运动鞋的足踝高度在55~70mm，取值范围很大，是因为不同种类运动鞋的功能性要求不同，设计参数也不同。综上，足踝高、后踵高与脚山高三者高度要协调统一，整体造型优美即可。

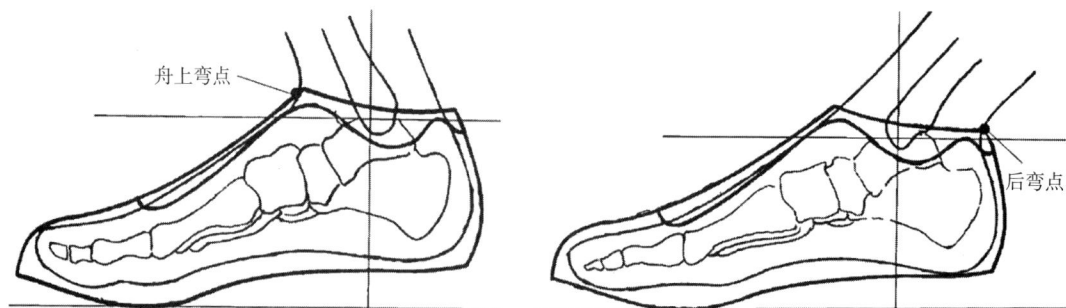

图 1-7　舟上弯点与后弯点

（三）运动鞋的结构

结构是指各个组成部分的搭配和排列。对于运动鞋而言，它是由鞋帮和鞋底两大部分构成的，鞋帮由帮面部件和内里部件组合而成，帮面又由前帮、后帮及装饰部件等组合而成，而鞋底同样也是由内底、外底等部件按照一定要求排列组成的。结构是成品鞋的骨架，了解运动鞋的结构也就了解了运动鞋的内在组成，为今后学习运动鞋的结构设计与制板打下基础。

1. 外表可见部件（图1-8）

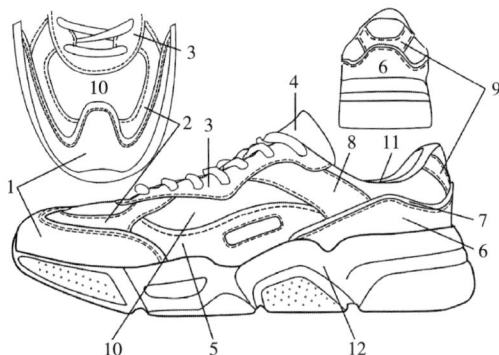

图1-8　外表可见部件

1—前套（头环）　2—前套饰片　3—护眼（眼盖）　4—鞋舌　5—边肚饰片（侧饰片）　6—后套（后方）
7—后套饰片　8—领口饰片　9—后上片　10—鞋身（大面）　11—领口　12—鞋底

（1）前套：前套也称"头环"，或者"外头""鞋头"等，位于前尖处，对脚趾具有防护功能，通常该部件会车缝双线，同时在此处还会设计前港宝部件用于定型与补强。

（2）前套饰片：此种装饰性部件命名可根据板师习惯进行，也可称为"护眼饰片"或其他名称，主要起到装饰性作用。

（3）护眼：护眼也叫"眼盖"或者"护眼片"，该部件的作用主要是稳定鞋口部位造型，增加打孔处的强度，此处通常还会设计补强部件，如护眼长纤（放置于护眼及鞋身部件之间）、护眼PU（放置于鞋腔内侧）。

（4）鞋舌：鞋舌部件通常由鞋舌面、鞋舌里、鞋舌海绵及鞋舌饰片组成，单独车缝后与鞋身结合，主要功能为防止泥沙等从开口处进入鞋腔，同时附有海绵的鞋舌可以缓解鞋带对脚的绑缚压力。

（5）边肚饰片（侧饰片）：该部件造型多样，具有装饰功能与增强侧身强度的功能，设计时需要注意与底墙轮廓协调呼应。

（6）后套：也称"后方"，多数运动鞋设计有该部件，主要起到稳定鞋子后身的作用，防止运动过程中过度内旋、外旋，通常该部件会车缝双线，在此部位同时设计有后港宝作为定型与补强。

（7）后套饰片：在本示例中（图1-8），后套饰片为重叠于后套下方的部件，仅有边缘外露，起到装饰性作用，在不同款式中，该部件造型各不相同。

（8）领口饰片：主要起到装饰作用。

（9）后上片：也称"眉片"，为装饰性部件，此处材料不宜过硬，以免磨脚。

（10）鞋身：也称"大面"，鞋身前半部分，行业内也叫作内头部件，鞋身后半部分叫作边肚部件。鞋身一般采用透气性较好的材料制作，其他鞋帮部件按照对位线车缝于该部件上，当该部件采用网布制作时，通常为完整的大面设计，也可在装饰片下进行断帮设计，可节约材料。

（11）领口：从脚山点起至后帮高止，此段称为"后领口长"，从开口处起至脚山点止，该段称为"前开口长"。

（12）鞋底：由外底、中底及内底（鞋垫）组成，其中，外底主要具有耐磨与防滑性能，中底主要具有减震性能，内底需要注意舒适性设计。

2. 内里及补强部件

运动鞋的内里结构与帮面分割不同，内里及补强部件较多，内里结构设计也更为复杂。通常有前帮里（头里）、后帮里（边里）、翻口里、鞋舌里、护眼里、前港宝（头衬）、后港宝、鞋舌海绵、领口海绵、各种部件补强等。

第二节　运动鞋楦及制板工具

一、运动鞋楦

鞋楦是指能够保持鞋腔具有一定规格尺寸的胎具，与服装立裁制板中使用的人台具有相似功能。鞋楦是模仿人类脚外形的造型产物，这种模仿并不是简单重复，而是在科学的基础上进行美化和艺术处理，因此可以把鞋楦看成脚的模特。

运动鞋楦是各类楦型中的一个品类，具有鞋楦的共性：①楦体由楦底面、楦侧面、统口面这三个曲面构成；②三个曲面相交后得到楦底棱线、统口棱线这两条棱线；③在楦体上可以分别画出背中线、底中线、后跟弧中线、统口中线这四条中线，四条中线形成封闭的曲线，将鞋楦分成里怀和外怀两个部分；④四条中线的四个连接点形成四个测量点，分别是楦体的前端点、后端点、统口前端点、统口后端点。

通常楦体的实际大小，一定比脚型要稍大且宽广，基本要求在于在穿着中不要有任何压迫感，必须有恰到好处的空间。恰到好处的定义在于运动鞋的种类不同，每种均有其固定的运动形态，而且穿着时间也随运动项目不同而不同。例如，不能将竞速鞋整天穿着，也不能穿着篮球鞋参加百米赛跑，因此对于各种鞋楦设计必须配合其运动时人体工学的需要而进行调整，以使鞋子发挥辅助运动的作用。

针对不同种类的运动，各有对应的专用运动鞋，鞋类专家们应用科学技术与人体工学技术，对各种运动鞋的鞋楦进行修正，以求符合该运动所需。通常考虑的项目有：楦头的外观形状、跷度，以及趾围、跖围和跗围。例如，百米竞速鞋楦头跷度较高，且围度较窄，是因为百米竞速时，人体重心会往前移，故跷度高，身体易往前倾，而围度窄能确保将脚部包住，以使鞋、脚一体，赛跑时不易滑脱减少耗费体力；又如网球鞋楦设计时，前脚掌的空间不能过于狭窄，尤其脚趾部位，若过于狭窄，网球运动中频繁的横向移动容易使脚趾起泡，因此通常采用"圆头型"或"方头型"，同时其厚度一定要足够。鞋楦设计时还应考虑"人种"不同和"地区性"，进而对楦体跖围、跗围等进行调整。不同运动鞋楦间的差异如表1-4所示。

表1-4　不同运动鞋楦测量数据（41号楦）　　　　　　　　单位：mm

测量项目	运动鞋楦	慢跑鞋楦	足球鞋楦	篮球鞋楦	滑板鞋楦	高帮鞋楦
楦底样长	265	267	267	267	269	267
背中线长	196	198	190	202	202	205
统口长	95	94	83	98	94	102
后身高	93	92	92	98	92	103
前跷高	15	18	23	10	15	14
楦跟高	12	12	12	12	7	15
楦头厚度	30	25	24	26	26	27
后弧倾斜量	较大	13左右	较大	较小	较大	呈S曲线

相较于皮鞋楦，运动鞋楦具有以下特点。

（一）楦前头的比较

运动鞋考虑到跑跳活动的方便，放余量设计得比较小，一般取值为12~16mm，所以鞋头显得比较短、比较宽。运动鞋的鞋头厚度比较大，便于脚趾的活动和抓地运动不受阻碍，如果考虑鞋垫的厚度，楦头会显得更厚。运动鞋的前跷普遍比较低，一般在13mm左右，这与协调运动的稳定性有关，只有少数与"跑"相关的鞋类前跷较高。成品鞋的前跷与鞋楦的前跷可能会有3~6mm的变形量，如果鞋底又厚又平，前跷的变形会有6mm左右，如果鞋底有跷度，变形会很小。

（二）楦底的比较

相同鞋号的楦相比时，运动鞋楦的楦底长度较短，这是由放余量较小造成的，但是运动鞋底比较宽，因为在运动时脚板要往外张，鞋底盘宽一些比较舒适。运动鞋楦的后跷比较低，一般取值为10~12mm，这是为了在运动的过程中容易保持动态平衡，少数特殊的运动要求后跷比较高，如花样冰鞋、自行车鞋等。运动鞋的楦底曲线普遍比较平缓，凹凸程度不像皮鞋那样明显。

（三）楦后身的比较

运动鞋楦的后身比较高，一般取值为92~98mm，高帮楦可达105mm左右。由于鞋楦的后容差在4mm左右，比较小，后弧的凸度并不大，但是楦统口后端向前的倾斜程度明显，使后身很饱满。

（四）楦统口的比较

运动鞋楦的统口长度比较短，这是为了使鞋口的抱脚功能性好，运动鞋的前开口结构也不会造成穿脱困难。有些楦型是统口后端位置前移，有些楦型是统口前端位置后移，一般取值为83~93mm，高帮楦在103mm左右。统口的宽度也比较窄。

（五）楦背的比较

运动鞋楦的背中线变化比较简单，不像皮鞋楦那样"一波三折"，这与运动鞋的前开口式结构有关，楦背的曲线变化集中表现在楦的头式造型上。

（六）楦身的比较

运动鞋楦的楦身比较丰满，看上去比较肥厚，一方面是为了使脚在鞋腔内感到舒适，另一方面也考虑到运动之后脚要充血发胀，宽松的鞋腔不会给脚带来损伤（图1-9）。

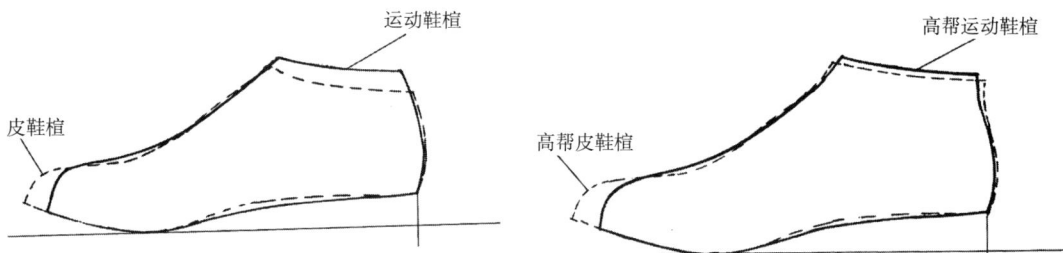

图 1-9　运动鞋楦与皮鞋楦对比

（七）楦跗围的比较

一般男女素头皮鞋楦的跗围比脚瘦半型，但运动鞋楦一般要控制脚跗围与楦跗围相同，对于儿童鞋楦来说，还要适当加肥。主要考虑在运动后，双脚会充血发胀，有些鞋类还会要求更肥一些，如滑板鞋。较高级的运动鞋是按照运动员的脚型特征定制设计的，或肥或瘦要以运动员脚穿着舒适为准，而跗围数据仅供参考。

二、制板工具

结构设计与制板工作上承"鞋靴造型设计"，下接"鞋靴工艺技术"，俗称"开板""打板""出格"，是将鞋靴设计作品转化为实物产品及投入批量生产的重要过程。

对于手工制板来说，使用的工具较多，作为初学者要了解整个制板过程中所需要的工具，在课程开始之前备齐工具便于后期学习，所需工具如下（图1-10）。

（1）鞋楦：由于运动鞋不同款式变化主要体现在鞋楦前半部分，故鞋楦又称"楦头"，为制板工作的首要工具。鞋楦的选择一定要与鞋款设计图匹配才能做出设计师满意的成品。

（2）美纹纸：一种以皱纹纸为基材，柔韧性较好，可书写，易粘贴且不留残胶的胶纸，适用于贴楦工作。美纹纸有多种规格，初学者建议使用2.5cm宽度进行贴楦操作。

（3）2B铅笔：铅笔有圆形和六角形，建议使用六角形，主要用于画背中线和后弧线。

（4）中性笔：建议使用0.5mm粗细，主要用于结构图定稿绘制，或修改部分线条绘制。

（5）自动铅笔：建议使用0.5mm粗细，主要用于结构图的绘制。

（6）橡皮：用于修改描画线条。

（7）刻刀：用于样板切割，建议使用30°刻刀，便于圆弧的刻画。

（8）剪刀：用于制板过程中的打剪口操作。

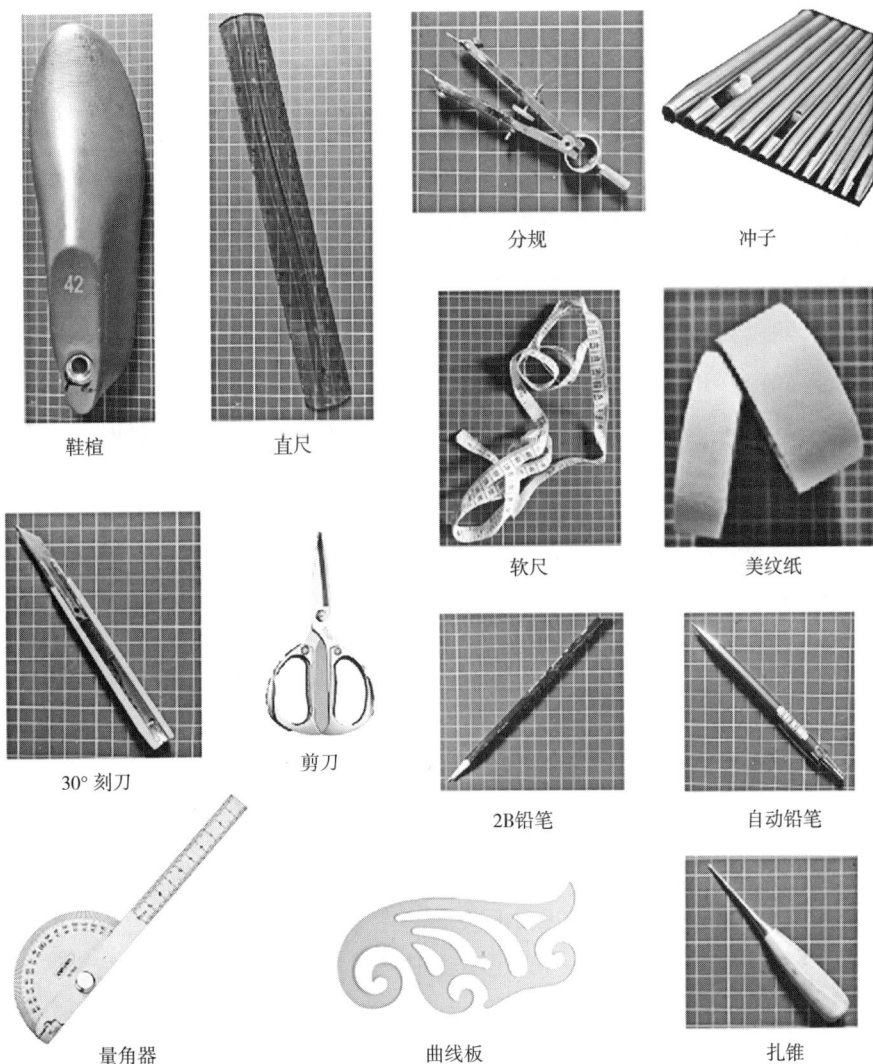

鞋楦	直尺

分规　　冲子

软尺　　美纹纸

30° 刻刀　　剪刀　　2B铅笔　　自动铅笔

量角器　　曲线板　　扎锥

图 1-10　制板部分工具

（9）切割垫板：辅助纸板切割用，避免划伤桌面，有A4、A3等多种规格。

（10）扎锥：用于对称部件制板时将一侧点位通过扎锥转移至另一侧，也用于母板或其他标志线的增宽操作。

（11）卡纸：用于样板制备，建议初学者在绘制结构图时，绘制于卡纸较为毛糙的一面，便于擦除修改。

（12）直尺：用于测量平面尺寸，辅助制板。

（13）卷尺：用于测量曲面尺寸，辅助制板。

（14）曲线板：辅助练习使用美工刀、剪刀基本功的工具，或辅助母板绘制中某些曲线的描画。

（15）毫米分规：用于加放余量或曲线造型的等距平行线的绘制。

（16）量角器：用于测量角度，辅助制板。

（17）圆形冲子：不同直径的圆形冲子，用于鞋眼孔等部件的制板。

第三节　半面板制作与母板跷度

鞋靴样板设计方法总体可以分为三大类：立体设计、平面设计及计算机辅助设计。立体设计中以贴楦设计最具代表性，在长期实践中，制鞋行业采用师傅带徒弟式的技术传授方式，立体设计法又形成了许多分支与流派。

通过贴楦进行后期的结构设计，其最大优点是通俗易懂且伏楦性良好，效果直观。通过贴楦、展平过程完成楦体三维曲面到二维平面的转化，得到二维平面板后，再根据效果图进行结构设计，进而完成制板工作。因此贴楦、展平制作标准半面板的工作至关重要，关系到后续制板工作的精准性。在一些企业里，会专门安排经验丰富的老师傅负责原始半面板的制备，这样既可以避免采用同款鞋楦的不同板师重复贴楦，又可以为后续制板工作打下良好基础。

本书以贴楦设计法为主线，总结目前常见运动鞋类的设计规律与经验数据，指导读者掌握运动鞋的制板技术。

一、贴楦（视频1-1）

视频 1-1
贴楦

鞋楦是制鞋的母体，成鞋的造型取决于鞋楦的造型，鞋楦是三维立体的，而常规的制板操作是在二维平面进行的，需要通过贴楦展平将三维鞋楦转化为二维平面。现在贴楦一般使用美纹纸，美纹纸具有不同的宽度规格，一般宽度越大，贴楦越快，操作难度也越大，一般建议使用宽度为2.5cm的美纹纸进行贴楦练习。

（一）贴骨架

由于美纹纸具有轻微弹力，贴楦操作更易伏贴，但在揭楦展平时会由于受力而发生形变，为了避免形变，在贴楦时需要先贴骨架，即纵向贴几条美纹纸，用来固定楦面长度，保证展平时的尺寸稳定。

贴骨架包括背中线位置一条、后弧线位置一条、头厚点（J点）至后跟凸点（D点）里外踝各一条、楦体底口里外踝各一条、统口位置一条，如图1-11所示。

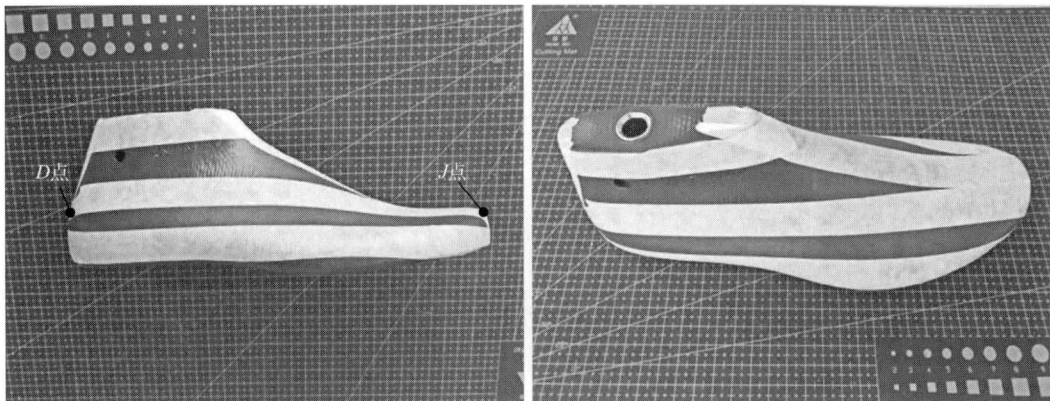

图 1-11 贴骨架

（二）横向贴楦

在贴好骨架的基础上从楦体前尖开始向后跟方向，或从后跟处开始向前尖方向横向贴楦。横向贴楦时需注意使美纹纸之间重叠1/2，即后面一条盖住前面一条的一半，使楦体上每处美纹纸均为双层，这样可减少展平时的形变，也不至于贴得太厚。楦体前段采用里外踝通贴，直到楦背出现明显转折（大约在跖围附近）时，开始内腰、外腰各一条分侧贴楦，可以保证贴楦平整且每条美纹纸均重合1/2，如图1-12所示。

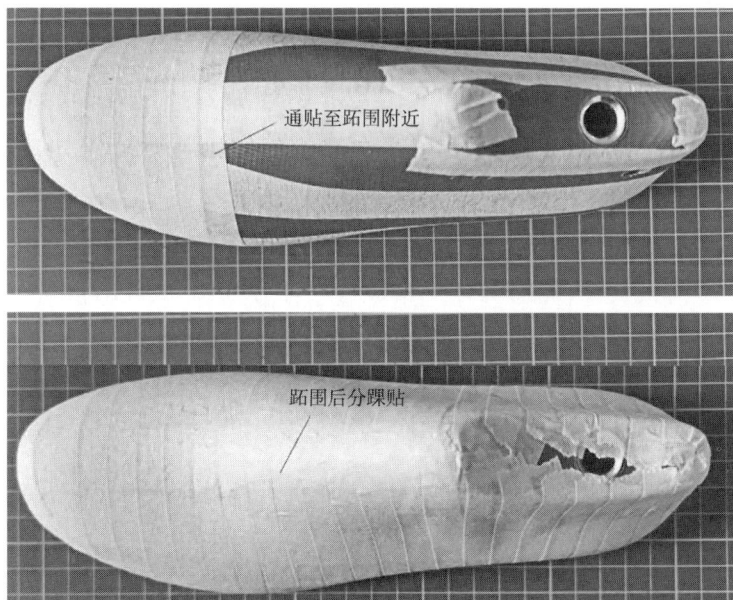

图 1-12 横向贴楦

若采用绷帮（攀帮）工艺，则底板可以后期再贴，制作中底板样板；若采用套楦工艺，则在贴完楦面后接着对楦底进行贴楦，套楦工艺下的点线标定及半面板制作在第五章有详细讲述。

（三）标画点线（视频1-2、视频1-3）

贴楦完成后需要在楦体上标画关键部位点、线，以辅助后续制板操作。需要标画的点线如图1-13所示。

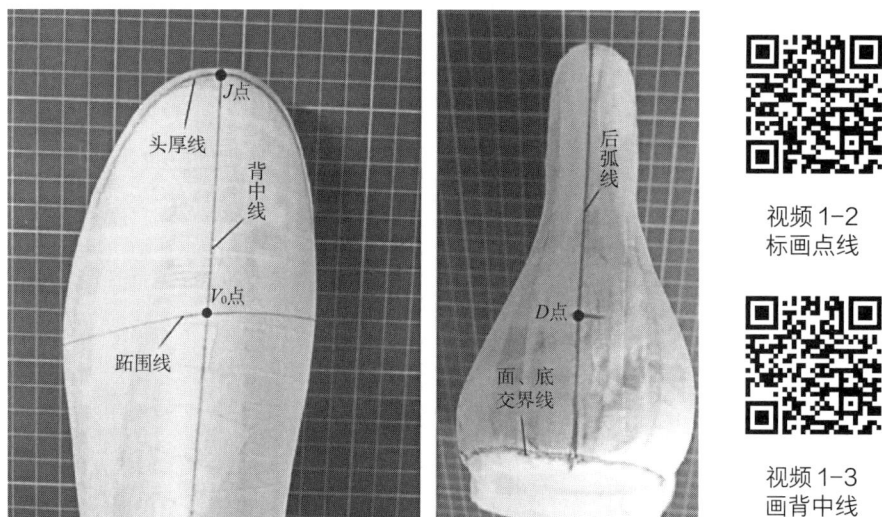

视频 1-2
标画点线

视频 1-3
画背中线

图1-13　标画楦体点线

（1）背中线：楦体前尖中点与统口前端中点的连线。

（2）后弧线：统口后端中点与后跟部位中点的连线，与背中线一起将楦体分为内、外腰。

（3）跗围线：用软尺围绕第一跖骨凸点与第五跖骨凸点一圈，在楦面上画出的线条。可以将鞋楦楦底向上，内腰边棱紧靠桌边，前端与桌边相切点即为第一跖骨凸点。外腰边棱紧靠桌边，楦体后跟部位远离桌边约1cm，前端与桌边相切点即为第五跖骨凸点。

（4）V_0点：跗围线与背中线的交点记为V_0点。

（5）头厚点（J点）：楦体前端背中线最凸点记为J点，顺势用铅笔描出一段楦体头厚线。

（6）后跟凸点（D点）：后跟骨最凸位置，一般约占脚长的8.8%，也可以观察鞋楦直接标出。

（7）楦体里踝、外踝JD长度：在楦体上用软尺测量里踝、外踝JD长度，并记录，以此作为后期展平板JD长的修正参考。

（8）面、底交界线：可以用2B铅笔与楦体约成45°角，沿楦体边棱描出。

其中背中线与后弧线的标画最为关键，画背中线时，可以先在楦体前尖位置定一个中点，一般采用目测法进行，初学者也可以采用测量法，即将楦底向上，用直尺在楦底板测量一定长度（以便于对分为宜），如5cm，取其中点，再将此中点移动标记于楦面上，作为楦面前尖中点，如图1-14所示。熟练后可采用目测法，然后取统口处中点，由于统口部位较窄，可以直接目测标定，再在楦体中间位置目测定出一个中点，最后，将楦体贴在桌边，借助桌面，三点确定唯一一个平面，用2B铅笔画出背中线，如图1-15所示。

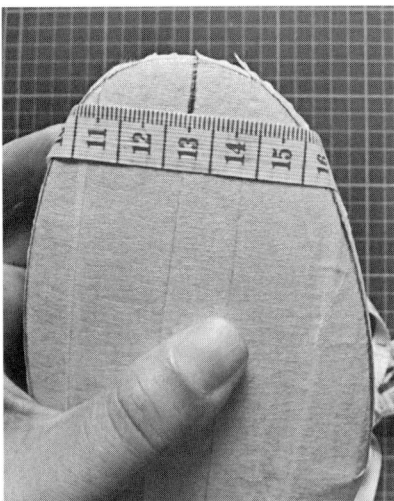

图1-14　标画楦体前尖中点

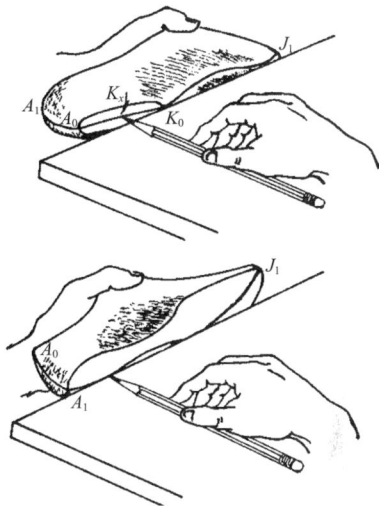

图1-15　标画背中线

　　此方法可以快速画出背中线，初学者在标定中点时，不必太纠结于中点画得是否准确，因为在一个曲面上较难判断出一个点是否在曲面中间，应该大致定好中点后，先尝试画出一条背中线，再去判断背中线是否"正"，如果"不正"再进行调整。

　　标画后弧线时，可以目测定出统口后端的中点，再将楦底向上，用直尺在楦底后跟位置测量一定宽度，取其中点，将中点移至楦面上，借助软尺或硬纸条画出后弧线，如图1-16所示。

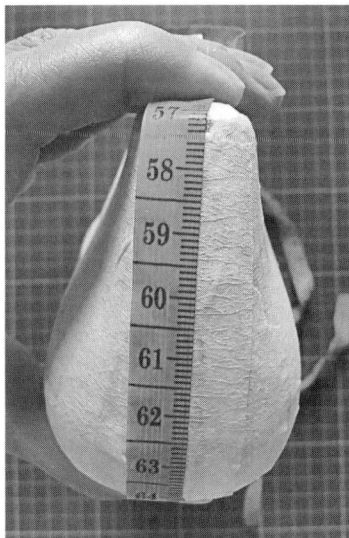

二、楦面展平（视频1-4）

　　将美纹纸沿背中线、后弧线割开，沿统口线和面、底交界线割掉多余部位，将楦面美纹纸分成内腰、外腰，之后分别揭楦展平。揭楦时用手拉着之前在楦体上贴好的骨架，轻微用力将美纹纸慢慢撕下，减少形变。

图1-16　标画后弧线

　　展平时先固定后半部分中间一线①（JD线），顺着JD线推平找到J点自然位置，并标记，然后揭下前2/3部分（AB段），将J点在自然位置基础上下降3~5mm，固定好新的JD线，然后贴平后弧②、统口③、背中线一线④，最后展平底口一线⑤、⑥，展平时注意不要为了使某处无褶皱而刻

视频1-4
揭楦展平

意拉拽，建议使用小的三角尺或者卡片等顺势推平，将褶皱均匀分摊，完成整个楦面展平操作，如图1-17所示。

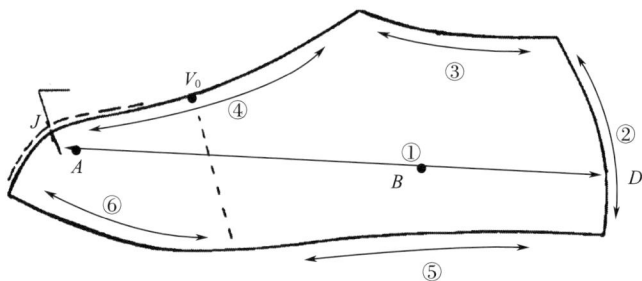

图1-17　展平过程

展平操作过程中，运动鞋楦前尖和后跟部位在楦体上呈球面造型，因此揭楦板为壳状，直接推平形变较大，且会出现较多褶皱，影响原始板的面积大小。因此，在展平前尖和后跟部位时建议进行打剪口处理。前尖部位剪口与背中线平行，宽度大约为5mm，深度至楦体头厚线附近，4、5条均可；后跟部位剪口与后弧线平行，宽度大约为5mm，深度以保证此部分美纹纸可以平整贴平即可，剪口数量为3~5个。

打好剪口后，将前尖部位窄条美纹纸逐条向后并拢，使每条之间既没有重合又没有分开，将后跟部位窄条美纹纸逐条向前并拢，如图1-18所示。美纹纸条在并拢处理时会有一定上缩，最后依照底口轮廓修顺即可，之后可以看到前尖处美纹纸并拢后，与前帮背中线呈30°~35°角，此为后期前套部件的工艺跷处理量。

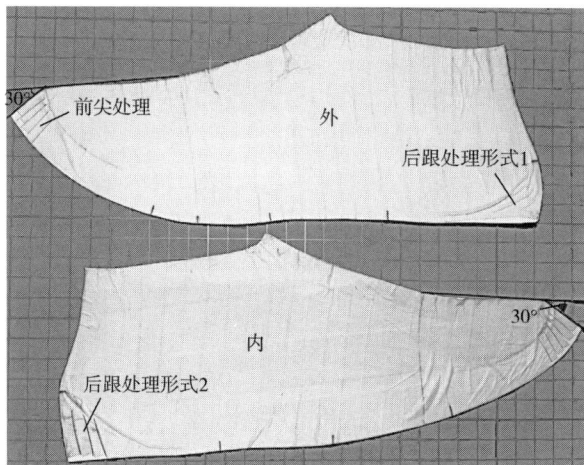

图1-18　展平结果

在展平操作时，打剪口使三维曲面向二维平面展平变得容易且可控性强。窄条美纹纸之间没有重合，即没有面积缩小；剪口没有分开，即没有面积扩大，遵循制板过程中的面积相当原则。最后修顺底口所有线条，完成内腰、外腰的展平工作。其中后跟部位也可以依靠手法直接推平，读者可以两种方式都进行尝试比对。

三、试板与检验

里踝、外踝分别展平后，测量展平后的JD长度，以上一步楦体上的JD长进行修正。修正位置在D点，偏长部分从D点去除，修顺后弧线，偏短部分在D点补足再修顺后弧线。若长度误差较大，建议重新贴楦。

里踝、外踝侧面板长度修正后，分别以里外侧面板裁切皮料，皮料在背中线拼缝至V_0附近、后弧线可完全拼缝，套楦进行检验，观察背中线与后弧线是否端正、套样与鞋楦是否贴合，检查合格后将展平板作为母板，标写鞋楦编号、尺码、楦面长度等信息存档，以备使用。

四、制作折中板（视频1-5）

视频1-5
折中操作

经过上一步套样检验后，得到两块展平板。人脚里踝、外踝本身并非对称结构，因此，展平后的侧面板也存在差异，但在后期结构图绘制及制板过程中，一般在一块面板上进行，所以需要对原始展平板进行对板折中，找出里外踝侧面板的差异，得到一块能够同时满足里踝、外踝大小的折中板。同时，折中操作可以修正背中线、后弧线绘制不正的误差。

在折中操作时，先在卡纸上描出其中一侧面板的外轮廓，标出J点、V_0点、D点的位置，然后拿出另外一块面板（需要翻转一面），对齐J点、V_0点，描出前半段外轮廓（V_0—J—H），接着以V_0点向下约15mm为旋转中心，旋转对齐D点，描出剩余后半部分外轮廓（后段背中线、统口线、后弧线、后段底口线），得到里、外展平板的重叠外轮廓。

重叠的轮廓在底口位置，通常前段部分外踝（腰）大于内踝（腰）约2mm；腰窝位置，内踝（腰）大于外踝（腰）1~8mm，腰窝部分差异会随跟高增加而加大。里踝、外踝侧面板在背中线、后弧线位置基本重合，部分位置存在略微差异，则通过取二者中线进行校正，如图1-19所示。若差异较大，说明背中线、后弧线描画不正，建议重新贴楦制作。

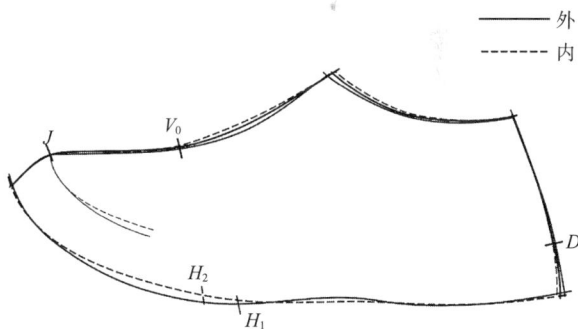

图1-19　折中样板制作

折中板需要反映楦面面积一半的大小，因此，在背中线、后弧线处取内外1/2进行校正，底口里外踝差异根据工艺操作，可以保留差异（常见于套楦工艺），也可取1/2或最大面积（常见于绷帮工艺）。

五、母板跷度

运动鞋制板过程是三维到二维再从二维到三维的不断转化过程，转化过程中V_0处会出现空间角，这一空间角即为自然跷，同时一些部件要做对称处理，而直接对称会出现缺角或面积增加等现象，这时需要对部件进行工艺跷处理或者转换跷处理。因此，跷度处理始终贯穿运动鞋的制板过程，是其技术核心。

自然跷是指楦面在展平或者展平面被还原过程中，在马鞍形曲面位置出现的跷度角。不同鞋楦、不同鞋款的自然跷度不同。自然跷的处理主要在展平时的母板上进行，通过大量开板实践发现，自然跷度大致可以分为三类，其一为皮鞋用跷度（高跷度），其二为加州鞋（套楦工艺鞋）类跷度（中跷度），其三为一般运动鞋用跷度（低跷度）。

（一）改变母板跷度的原因

1. 款式设计

（1）鞋头有设计：可进行工艺跷处理的常规前套，母板展平时进行适当"降J"操作，可减少背中线褶皱，同时可满足部分鞋款鞋眼片、鞋身、鞋里直接对称开整片式用料的需求，母板无须另外降跷处理。

（2）鞋头为素头设计（鞋头一片式）：后期不能进行工艺跷处理的，母板需要较大降跷，以使成型时更易伏楦及减少鞋头褶皱。

2. 材料

当材料弹力较小时，如较硬的革料或前套部位为无缝热切等工艺时，母板需要降跷，但降跷量不能过大，当材料弹力较大时，如飞织类材料，母板跷度可进行较大变动。

3. 量产

当量产时出现帮套不贴楦、领口位置太松或者太紧、成型时帮面易破裂、鞋楦内外腰长度差距较大，造成内腰起皱、楦底边缘起皱且鞋底盖不住等问题时，需要调整母板跷度，以适应量产。

（二）母板降跷方法（视频1-6）

一般运动鞋为低跷度（自然跷）形式，因此在制板过程中会涉及降跷。降跷通常在母板上进行，需要根据实际情况（上文提及的几种情形）及试板情况选择适当的母板跷度（图1-20）。

母板旋转降跷方法如下。

（1）画出折中板前半部分外轮廓，即V_0—A—H。

（2）以V_0向下约

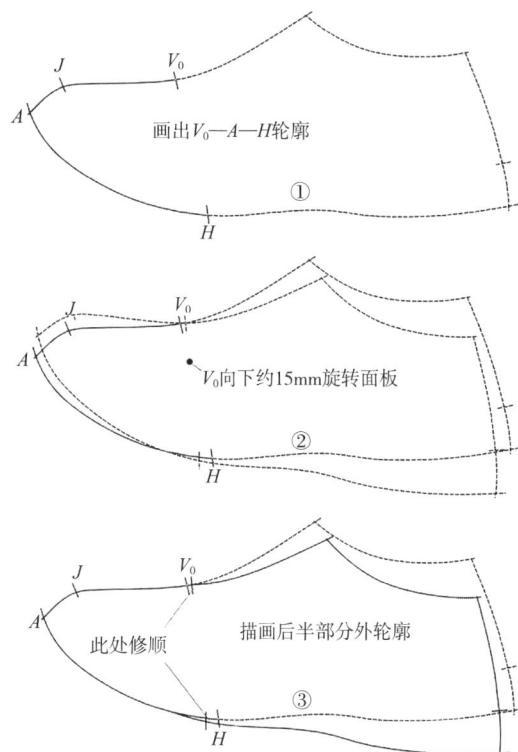

图1-20　母板降跷

视频1-6
降跷（整鞋身跷）

15mm处为旋转中心，旋转面板使前尖点*A*向上移动一定距离，该距离取决于具体款式情况，后面章节会根据不同情况具体分析。

（3）旋转后接着画出侧面板后半部分外轮廓，并修顺衔接部位线条。

第四节 运动鞋基础框架绘制与母板比例

在折中板制作与母板跷度处理基础上，根据效果图进行结构图绘制。绘制结构图的第一步需要先绘制基础外框。在常见运动鞋中，可以把外框分为两大类型，前开口式与封闭式，每类又包含四种后帮造型形式，即双峰式、单峰式、飞尾式（后仰式）和平峰式。

对于经验丰富的板师而言，外框绘制可参照效果图直接画出，之后再结合款式图以及经验进行调整。本书介绍两种母板外框绘制方法，一是基线设计法，二是经验数据法，两种方法可辅助初学者进行母板外框绘制。

一、基线设计法（视频1-7）

基线设计法是以楦面鞋头凸点，即头厚点*J*点与后跟凸点*D*点连线为基准线，结合脚型规律进行运动鞋母板外框绘制的方法。

观察运动鞋楦可以看出，*J*点之前的楦头造型几乎是垂直于楦底面的，坡度很大，如图1-21所示，因此楦体*JD*长度与楦底样长度基本相近。故以*JD*长为基线，实则近似于以楦底样长为基线。

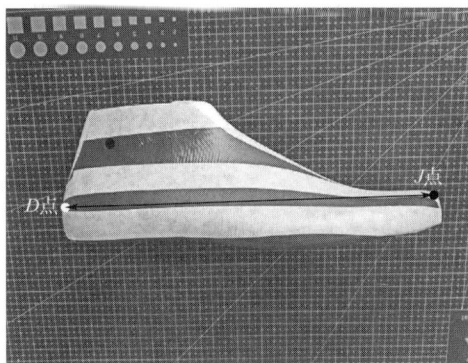

视频1-7
基线设计法画外框
（降跷）

图1-21 鞋楦侧视图

（一）口门位置与宽度

口门是指鞋口与背中线的相交位置，也称"鞋口点"。口门位置的前后变化与成鞋的穿脱便捷性直接相关。对于前开口式运动鞋而言，口门位置都比较靠前，一般在脚趾弯折部位之前，属于浅口门类型鞋，口门靠前不仅使穿脱方便，同时还有利于脚的灵活运动，有助于提高运动成绩。

脚的弯折部位在第一至第五跖趾连线上，即跖围线。脚的跖趾连线并不是一条简单的直线，而是一条略有弧度的曲线，最突出的位置处于脚的第二跖趾关节位置。根据脚型规律可知，第一跖趾所在部位占脚长的72.5%，第二跖趾所在部位大约占脚长的75%。

因此以基准线（JD）的前1/4确定口门控制点，即在脚长75%位置附近，不会影响跖趾关节灵活运动。口门位置与宽度具体确定方法如下（图1-22）。

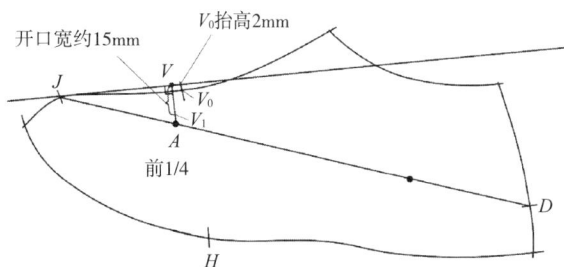

图1-22　口门位置与宽度确定

（1）将V_0点（背中线与跖围线的交点）抬高2~3mm，与头厚点J连成一条直线为前帮样板对称线。由于前开口式结构运动鞋的鞋舌缉于口门下方，会占据一定鞋腔空间，因此需要抬高V_0点预留一定的鞋舌厚度量。

（2）取JD长的前1/4记为A点，过A点作前帮对称线的垂线，交点记为V点，即为口门位置参考点，一般位于V_0点之前，不会影响脚的弯折。但在实际应用时，可以根据款式特点，使口门位置在该点附近调整。

（3）从V点开始沿垂线取一定宽度为开口款，一般女鞋约15mm，男鞋约17mm（以37码为例）。

（二）脚山位置与高度

脚山是指鞋前开口的后端位置或鞋后领口的前端位置，是前开口与后领口的交界处，外观形似隆起的山包，故称为"脚山"。脚山在运动鞋的设计中有着重要的作用，不仅与长度位置有关，而且脚山的造型还直接影响着运动鞋整体轮廓的美观性。

1. 脚山的位置

脚山位置与脚的舟上弯点位置相关（参见表1-1~表1-3），舟上弯点位置约占脚长的38.5%，取基线长（约为楦底样长）的40%则位于舟上弯点之前，因此可以将基线长的40%、42.5%及45%作为三种不同脚山位置，都不会影响脚腕的灵活运动。

对于一般矮帮鞋来说，领口位置居中，如图1-23所示，一般在JD线的42.5%位置，领口不太长也不太短，过42.5%位置作底口近似垂线，得到脚山高度控制线。

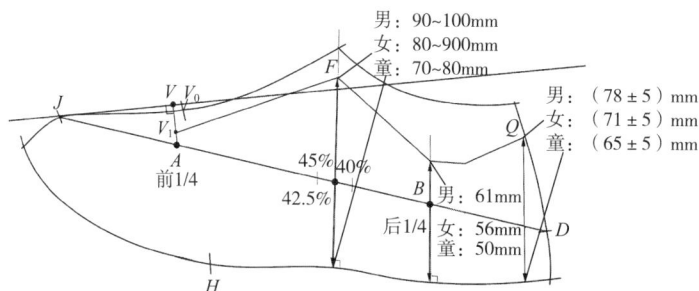

图1-23　低帮前开口款式外框控制线

对于中帮、高帮鞋而言，鞋帮要包裹住脚踝骨，因此需要抱脚能力强些，则脚山位置偏后，领口偏短，可以用基线JD的40%长度来控制。另外，中高帮鞋在脚背位置通常会设计一个"拐点"，拐点位置一般用JD长的45%来控制，如图1-24所示。增加一个拐点设计，便于样板制取、下料和后期制作，可以省去制板过程中的转换跷处理，同时成品鞋的舟上弯点位置处更加平整。

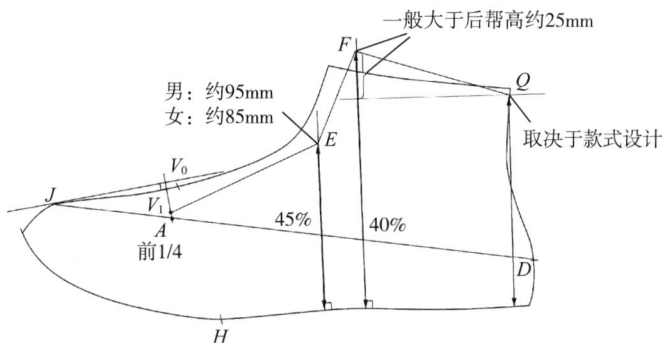

图1-24　中帮、高帮前开口款式外框控制线

2.脚山的高度

一般款式中，脚山处于全鞋的最高点，其高度设计也与舟上弯点相关。舟上弯点的高度约占脚长的33%，考虑到鞋垫的厚度、楦体的厚度，一般低帮运动鞋男款41码取90~100mm，女款37码取80~90mm。中帮、高帮运动鞋的脚山高度通常大于后帮高20~30mm，具体高度主要取决于鞋款设计。

低帮款式在结构绘制时，由脚山高度控制线自下而上量取脚山高度，即得到脚山位置参考点F，如图1-24所示。

中帮、高帮款式绘制基础外框时，分别过基线45%、40%位置点作底口近似垂线，得到拐点、脚山控制线，自下而上量取相应高度，即可得到拐点E点，脚山点F点，如图1-24所示。

（三）足踝位置与高度

足踝是指脚的踝骨，也称"脚眼"。脚的里外踝骨呈半圆状，又称"踝骨球"。在皮鞋设计中，为了防止鞋帮卡磨脚的外踝骨，因此特别重视外踝骨的中心位置（22.5%的脚长）与高度（20.14%的脚长）的设计。因为里踝骨比外踝骨的位置偏前一些、略高一些，一般不予考虑。运动鞋领口通常会设计领口泡棉，因此足踝处的尺寸设计相对不受限制。

1.足踝位置

低帮运动鞋的足踝位置主要考虑成品鞋的舒适性与美观性。一般取JD的后1/4位置，考虑到二维展开平板与三维楦体之间的差异，此位置与外踝骨的位置（22.5%的脚长）近似相同。过基线后1/4的B点（图1-23）作底口线的近似垂线，得到足踝高度控制线。

2.足踝高度

低帮鞋足踝高度的设计以不影响脚的灵活运动为前提。通常41码男鞋设计在55~

70mm，37码女鞋设计在50~65mm，此处线条须平缓。在实际运用时取决于款式设计及运动鞋的品类。如跑鞋，特别强调不能影响足踝的灵活运动，则足踝设计得低一些；再如足球鞋，要求增强对踝骨的防护性，则取值较高。

中帮、高帮运动鞋的足踝高度已远远超出足踝的实际高度，主要对脚踝起到防护性能，不单独对其设计高度进行控制。

绘制结构图时，由足踝高度控制线自下而上量取一定的足踝高，同时，从足踝高向后画约20mm直线为踝骨球位置。

（四）后踵造型与高度

后踵指鞋的后跟部位，后踵高度控制参考足部后弯点的高度，运动鞋的后帮位置通常也使用泡棉材质，可以有效防止后帮磨脚，因此，后帮高度以不影响脚腕的灵活运动为界限。脚在做跖屈运动时，后弯点（占脚长约33%）就成了低帮鞋后踵高度的终止点。如果鞋帮继续升高，就会顶在小腿骨骼上，限制了脚腕的活动。因此，低帮运动鞋的后帮高取值为男鞋41码在（78±5）mm，女鞋37码在（71±5）mm，应用时根据款式进行"三高"协调性设计。

对于中帮鞋和高帮鞋来说，虽然后踵的高度超过了后弯点的高度，但是由于鞋楦的统口比较长、统口后端点向外翻，即使鞋帮比较高也不会顶住小腿。

因此，在结构设计中，低帮鞋需要根据鞋款控制后帮高度，而中帮、高帮鞋主要取决于造型。常见后帮造型有四种形式，即双峰式、单峰式、后仰式（外翻式）及平峰式，如图1-25所示。

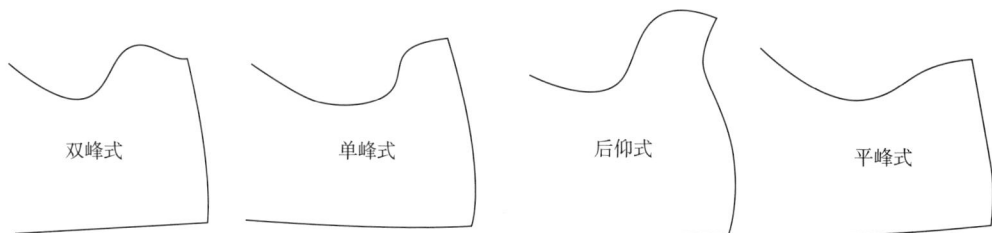

| 双峰式 | 单峰式 | 后仰式 | 平峰式 |

图 1-25 后帮四种造型

（五）余量加放与外框绘制

1. 材料厚度与帮脚余量加放

帮脚余量加放适用于采用绷帮（攀帮）工艺的鞋类产品，也叫"加网脚"，又分为全网脚与半网脚。全网脚即底口一圈全部加放余量，一般为15mm，在后期样板制作时，面料样板取样与母板一致，均加放15mm帮脚余量，里样板帮脚量较母板缩减一半，即保留7mm左右帮脚量，如图1-26所示。

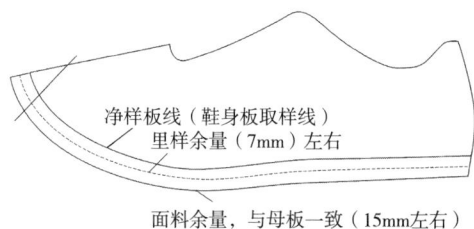

净样板线（鞋身板取样线）
里样余量（7mm）左右

面料余量，与母板一致（15mm左右）

图 1-26 全网脚加放

　　半网脚即在母板底口帮脚余量仅加放至前开口位置附近，后期取板时，面料样板帮脚余量与母板一致，里样板与面料样板相反，即里样在后段加放帮脚余量（与面样余量有15mm重合），如图1-27所示，便于攀帮操作且利于节约材料。一般当鞋底后段底墙较高时，可以采用半网脚形式。

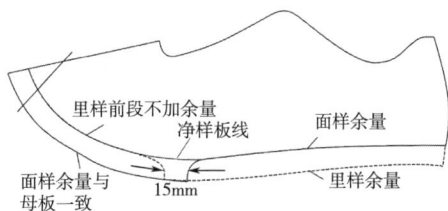

图1-27　半网脚加放

　　由于运动鞋的鞋帮材料层数比较多，使得鞋帮变厚（后面制板案例中会一一列举），因此需要在后弧线的基础上加放材料厚度预留量。根据不同的选材，一般加放量在4~8mm，后弧一线均需加放材料厚度预留量。此外，在领口部位，根据领口海绵使用情况，还需要加放海绵厚度预留量，根据海绵厚度，预留量为4~8mm，加放于凸点D以上部位，如图1-28所示，最终材料厚度加放量为上口加8~16mm，底口加4~5mm，顺畅画出最终材料厚度线，但具体加放量应根据材料厚度与试板情况调整，并非一成不变。

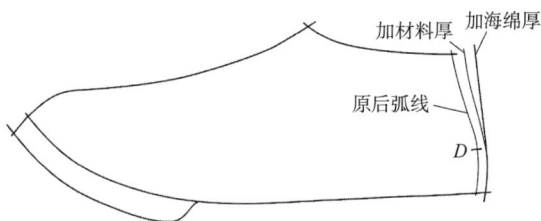

图1-28　加放材料厚度预留量

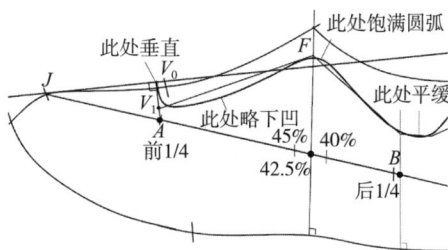

图1-29　上口轮廓绘制

2. 前开口与后领口部位造型绘制

　　对于前开口式低帮鞋款而言，以基线设计法定出各关键部位的参考点，将参考点先以直线连接，得到基础结构框架，如图1-23所示，再以流畅曲线画出前开口部位造型，如图1-29所示。

　　绘制时需注意：①口门起始线条与背中线垂直，以使对称后口门位置为无尖角的流畅造型；②V_1至F一段一般为略微下凹的曲线；③脚山处为饱满圆弧造型，接着向下顺连至足踝处；④足踝处在踝骨球位置画一段约20mm的平缓区。

3. 后帮上口造型绘制

　　运动鞋常见后帮上口可分为四种形式，即双峰式、单峰式、后仰式（外翻式）及平峰式，不同造型的后帮高度略有区别，根据大量开板实践，给出以上四种后帮高参考数据及绘制方法。

　　（1）双峰式：即成品鞋的后视图中可以看到后跟位置有两个凸起，常见于跑鞋的设计中，一般41码取78mm，37码取71mm。绘制双峰式结构时须注意：①起始一段与后弧线保持垂直，以使对称之后此处弧线平顺；②凸起位置距离最外后弧线（即加放材料厚之后）20~25mm；③凸起高度高于后帮高5~8mm；④凸起造型在靠近后弧线一侧弧线变化平缓，在靠近足踝一侧弧线变化曲度较大，如图1-30所示。

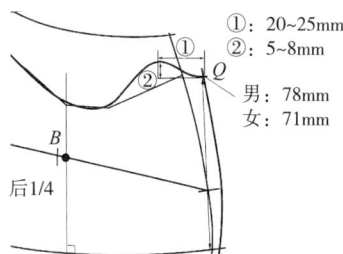

①：20~25mm
②：5~8mm
男：78mm
女：71mm
后1/4

图 1-30　双峰式

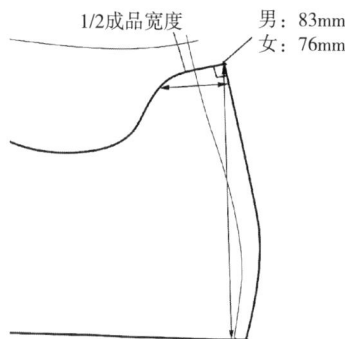

1/2成品宽度
男：83mm
女：76mm

图 1-31　单峰式

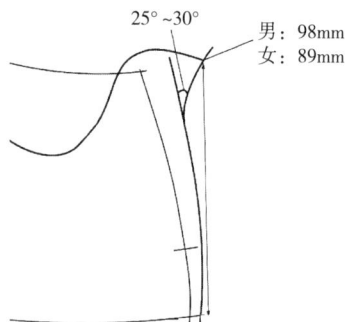

25°~30°
男：98mm
女：89mm

图 1-32　外翻（后仰）式

（2）单峰式：即成品鞋的后视图中可以看到后跟位置有一个凸起，常见于板鞋（小白鞋）的设计中，其后帮高较双峰式要增加5mm，即41码男鞋取83mm，37码女鞋取76mm。绘制单峰式结构时须注意：①起始一段与后弧线保持垂直，之后略微下降，使得对称之后，单峰为圆顺无尖角的造型；②单峰宽度为成品鞋单峰凸起宽的1/2；③由凸起位置顺连至足踝位置，如图1-31所示。

（3）后仰式（外翻式）：此造型是近几年来流行起来的，常见于针织类材料做成的跑鞋与休闲鞋。为了满足造型需要，后帮设计得较高。但在低帮楦型中，过高的后帮会卡磨后弯点，影响脚的灵活运动。因此，将上口设计为向外翻出的造型，此种后帮造型称为"后仰式"或"外翻式"，其成品后视图一般为单峰式的一个凸起。

外翻式造型中，41码男鞋后帮高取98mm，37码女鞋取89mm，绘制外翻式结构时需注意：①由楦体后身高约1/5高度处向外画弧线，该弧线与原后弧线呈25°~30°角；②自下而上量取外翻式后帮高度；③画上口造型时，起始一段与后弧线保持垂直，之后略微下降，同单峰式造型；④由凸起造型顺连至足踝位置，如图1-32所示。

（4）平峰式：此种领口造型常见于帆布鞋设计中，后帮上口弧线变化平缓，后帮高同双峰式后帮高，在上口造型绘制时由后帮高度点平缓顺连至足踝位置，需注意在与后弧连接的起始一段与后弧线保持垂直，使得对称后无尖角。

最后将整个上口线条修顺，使整体比例协调，具有美感，完成前开口式运动鞋基础制板框架的绘制。

相较于低帮鞋款，中帮、高帮款式结构中增加了拐点，便于后期制板与穿脱。在绘制上口轮廓时，以图1-24中帮、高帮前开口款式外框控制线为基础，将参考线以曲线连接，可在拐点处做出缺口造型，如图1-33所示。

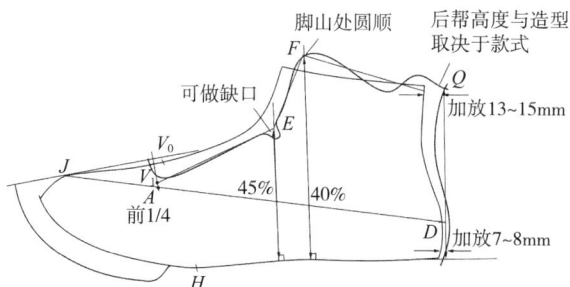

脚山处圆顺
后帮高度与造型取决于款式
可做缺口
F
Q
加放13~15mm
E
V_0
J
V
A
前1/4
45%
40%
D　加放7~8mm
H

图 1-33　中高帮外框绘制

封闭式运动鞋常为低帮形式，通常采用弹力较好的针织类材料制作，以便穿脱。其外框结构设计与前开口式略有不同。口门、脚山、鞋舌连为一体，同时，由于开合形式发生变化，为了提供良好的穿脱性，需要在原楦面折中板基础上将背中线向上抬高一定高度，具体抬高量取决于材料弹力与试穿情况，可参照图1-34进行绘制。

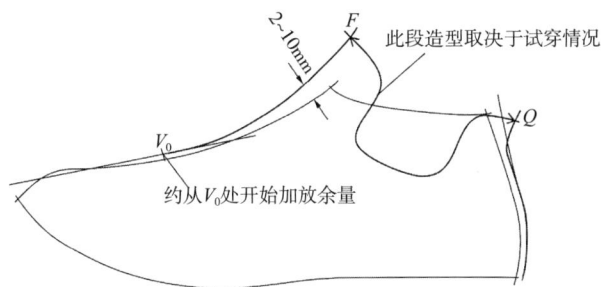

图1-34　封闭式外框绘制

二、经验数据法

经验数据法是根据大量开板及试穿实践总结而来的，可以为学者提供数据参考，帮助初学者掌握基础对照数据，设计出较为合理的基础母板框架。

如图1-35所示，以后帮双峰式造型为例说明经验数据法在外框绘制中的应用，具体步骤如下。

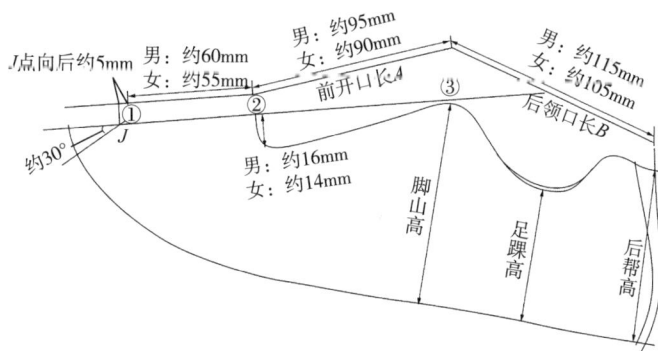

图1-35　经验数据法低帮外框绘制

（1）J点向后约5mm为一般前套部位起始点，如图中①所示。

（2）确定前开口位置点②，从①处向后量取一定长度，41码男鞋为57~63mm，37码女鞋为52~58mm，如图1-35所示再量取一定开口宽度。

（3）确定脚山位置点③，脚山点是前开口与后领口的分界点，可由前开口位置向后量取一定长度，41码男鞋为90~95mm，37码女鞋为85~90mm，脚山高度根据鞋款变化较大，41码男鞋为90~100mm，37码女鞋为80~90mm。

（4）根据款式图中后帮造型量取一定的后帮高度，可参照表1-5、表1-6取值，画出后帮部位上口轮廓，再从前向后顺连整个线条，完成基础外框绘制。

（5）后帮高、足踝高变化不大，可以相对确定，取值可以参考表1-5、表1-6，其中足踝位置处可以做内外腰区别，内腰高于外腰3mm。

（6）对于内销鞋，以中国人脚型特点出发，一般后领口长B>前开口长A，偏长量为15~20mm；外销鞋符合欧洲人脚型特点，一般后领口长B>前开口长A，偏长量约10mm。

表1-5　常规款男鞋设计基本参考数据

中国码	245	250	—	**255**	260	—	265	270	275	280
法码	39	40	40.5	**41**	42	42.5	43	44	45	46
美码	6.5#	7#	7.5#	**8#**	8.5#	9#	9.5#	10#	10.5#	11#
（双峰）后帮高	75	76	77	**78**	79	80	81	82	83	84
（单峰）后帮高	80	81	82	**83**	84	85	86	87	88	89
外翻后跟高	95	96	97	**98**	99	100	101	102	103	104
内腰高	58.75	59.5	60.25	**61**	61.75	62.5	63.25	64	64.75	65.5
外腰高	55.75	56.5	57.25	**58**	58.75	59.5	60.25	61	61.75	62.5

注　中国鞋号长度等差5mm，无半码。

表1-6　常规款女鞋设计基本参考数据

中国码	225	—	230	**235**	—	240	—	245	250
法码	35	35.5	36	**37**	37.5	38	38.5	39	40
美码	4.5#	5#	5.5#	**6#**	6.5#	7#	7.5#	8#	8.5#
（双峰）后帮高	68	69	70	**71**	72	73	74	75	76
（单峰）后帮高	73	74	75	**76**	77	78	79	80	81
外翻后跟高	86	87	88	**89**	90	90	92	93	94
内腰高	53.5	54.25	55	**55.75**	56.5	57.25	58	58.75	59.5
外腰高	50.5	51.25	52	**52.75**	53.5	54.25	55	55.75	56.5

注　中国鞋号长度等差5mm，无半码。

上述以低帮款式为例，介绍了经验数据法，对于中帮、高帮鞋款，其外框绘制方法与低帮类似，在数据上也具有一定规律，如图1-36所示。另外，中帮、高帮鞋足踝高度已超出脚踝骨，到达脚腕及以上部位。因此，后领口长与前开口长不再具有低帮的长度关系，取而代之的经验数据是，要保证后领口长匹配脚腕处的宽度，以提供良好的穿着感。通常37码后领口长大于105mm，41码后领口长大于115mm，前开口位置与低帮鞋规律相同，中帮外框绘制如图1-37所示，具体结合款式图进行调整。

　　对于当下运动鞋设计而言，造型越来越丰富多变，而母板制作第一步的外框绘制，需要根据款式变化进行调整。以上介绍了基线设计法与经验数据法，两种绘制方法给出的绘制步骤与数据，仅为一般性款式参考，具体要以效果图为准，最终结合试板情况进行调整。

脚山高			后帮高			领口长	
低	中	高	低	中	高		
男　90~100	+20	+20	男　80	+15	+15	男　115~120	
女　80~90	+20	+20	女　70	+15	+15	女　105~110	
中童70~80	+20	+20	中童60	+15	+15	中童95~100	
小童60~70	+20	+20	小童50	+15	+15	小童85~90	

图 1-36　经验数据法中帮设计参考数据

注：以上数据单位为mm，脚山高以低帮较大数据为基准

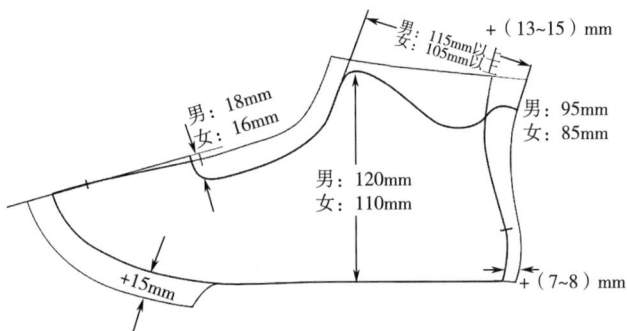

图 1-37　经验数据法中帮外框绘制

　　基础结构外框绘制完成后，根据款式图进行其他部件结构图的绘制，在整个结构图绘制过程中还可对外框进行微调，以使整个母板线条流畅、比例协调。

本章小结与综合练习

本章小结

　　重点：脚型规律与运动鞋的结构设计；
　　　　　　半面板制备技术；
　　　　　　母板降跷原理与方法；
　　　　　　母板结构性外框绘制方法。
　　难点：理解脚型规律与结构设计间的关系；
　　　　　　理解侧面板折中的意义与方法；
　　　　　　掌握母板降跷原理与方法；
　　　　　　理解并灵活运用母板外框的绘制方法。

综合练习

实训目的：

1. 理解并掌握标准侧面板的制作方法；

2. 理解脚型规律与运动鞋结构设计间的关系，掌握母板基础轮廓的绘制技法；

3. 通过训练具备一定的手工割板手法；

4. 理解并掌握母板增宽法。

实训要求：

1. 能够独立完成贴楦、展平、折中等一系列操作，完成折中半面板的制备；

2. 能够根据款式图独立完成母板基础外框的绘制；

3. 能够用刻刀割出线条流畅光滑的纸板。

实训内容：

1. 完成折中侧面板制作；

2. 完成前开口式低帮母板外框绘制练习4个（单峰、双峰、外翻、平峰各1个），封闭式母板外框绘制练习1个；

3. 进行母板复刻练习5个。

学生练习案例作品（图1-38~图1-40）：

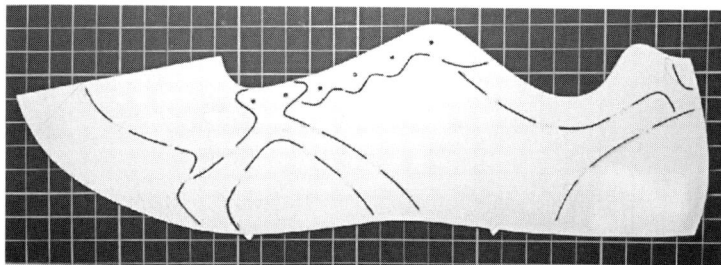

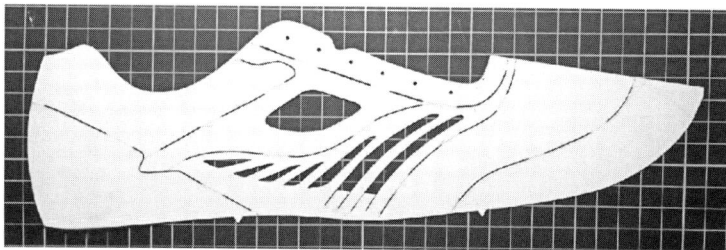

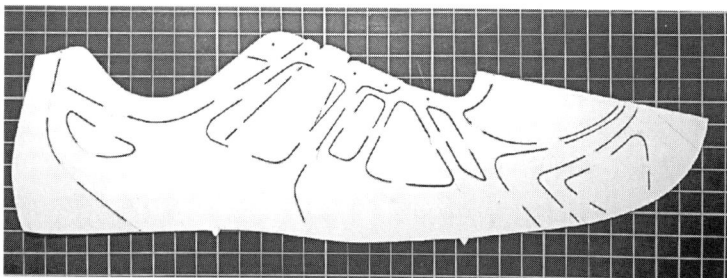

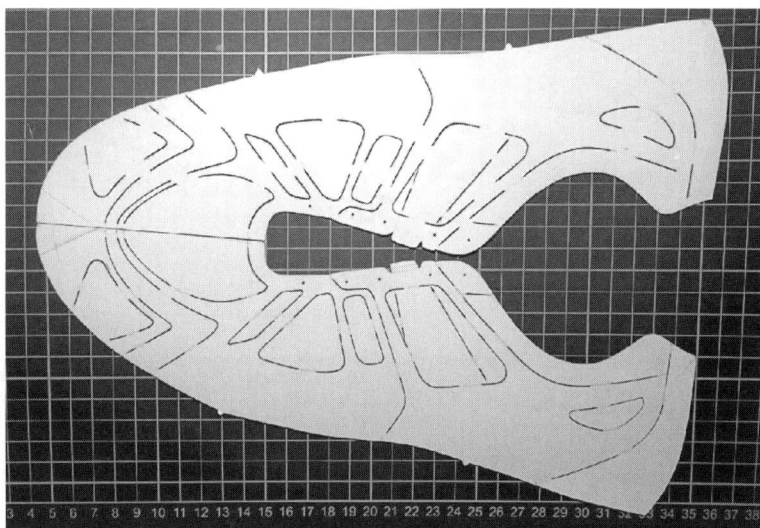

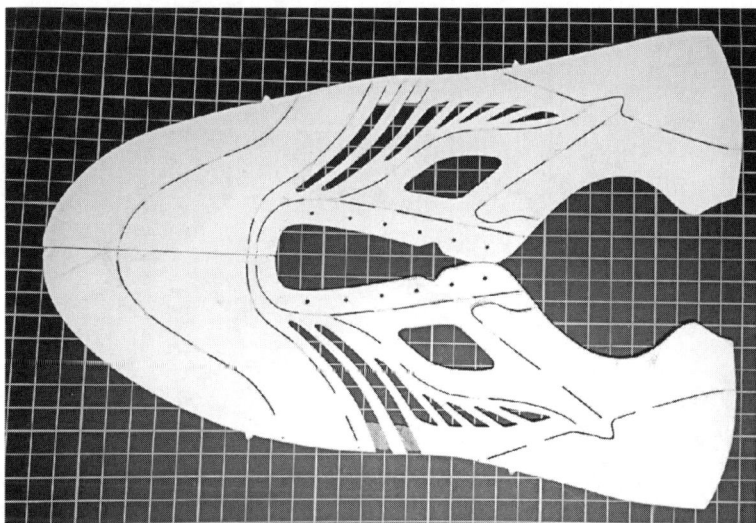

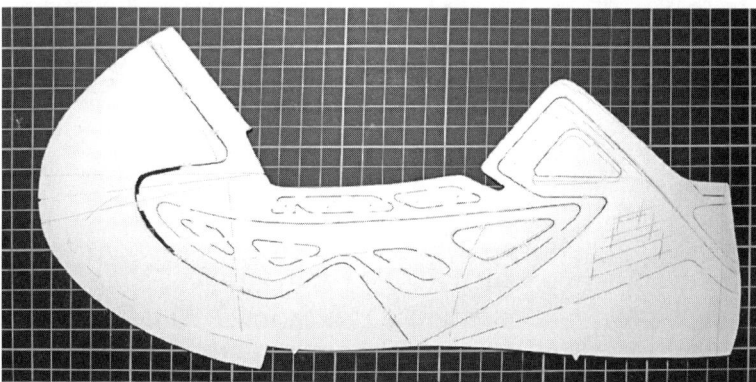

图 1-38 运动鞋学生练习作品 1

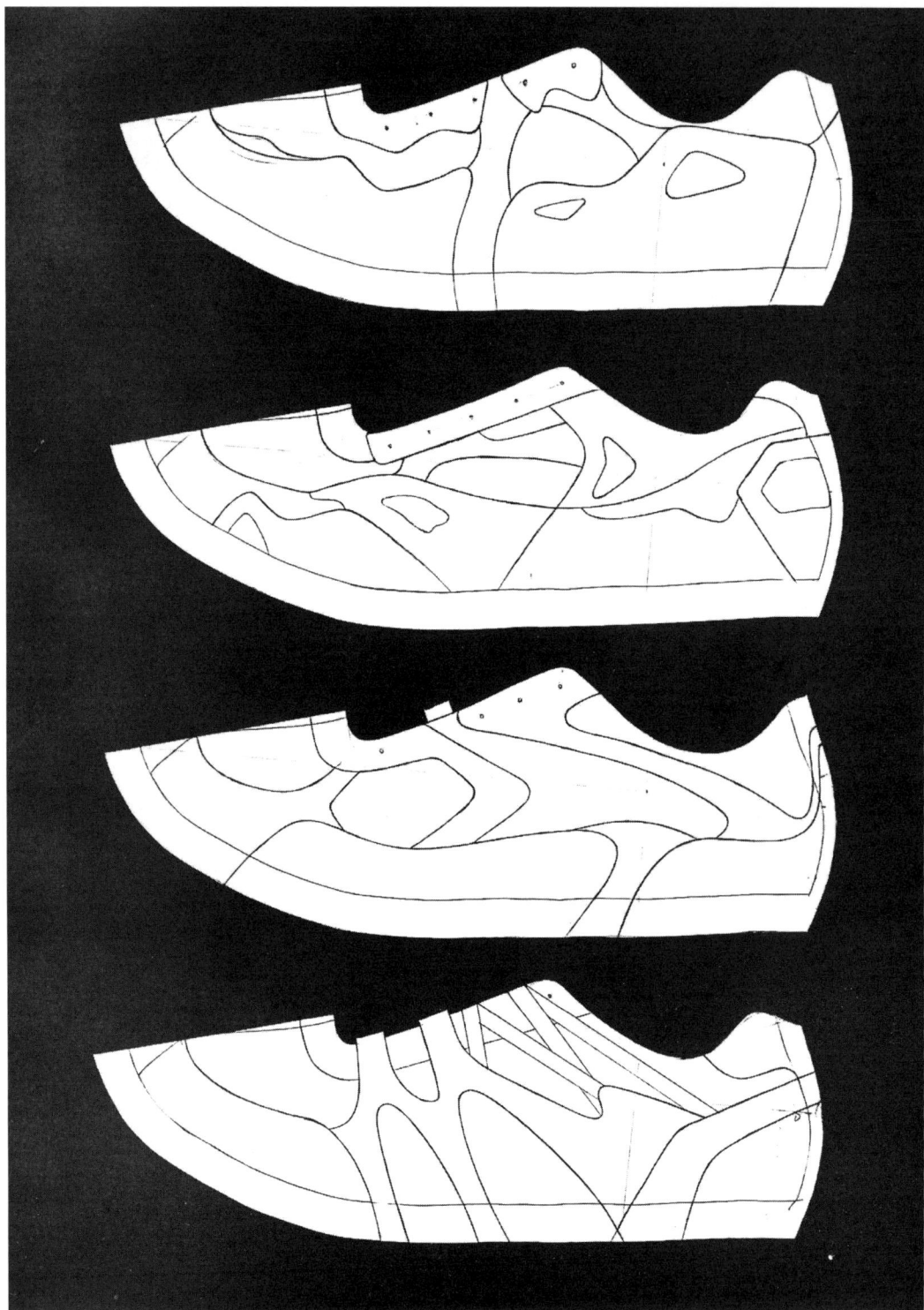

图 1-39　运动鞋学生练习作品 2

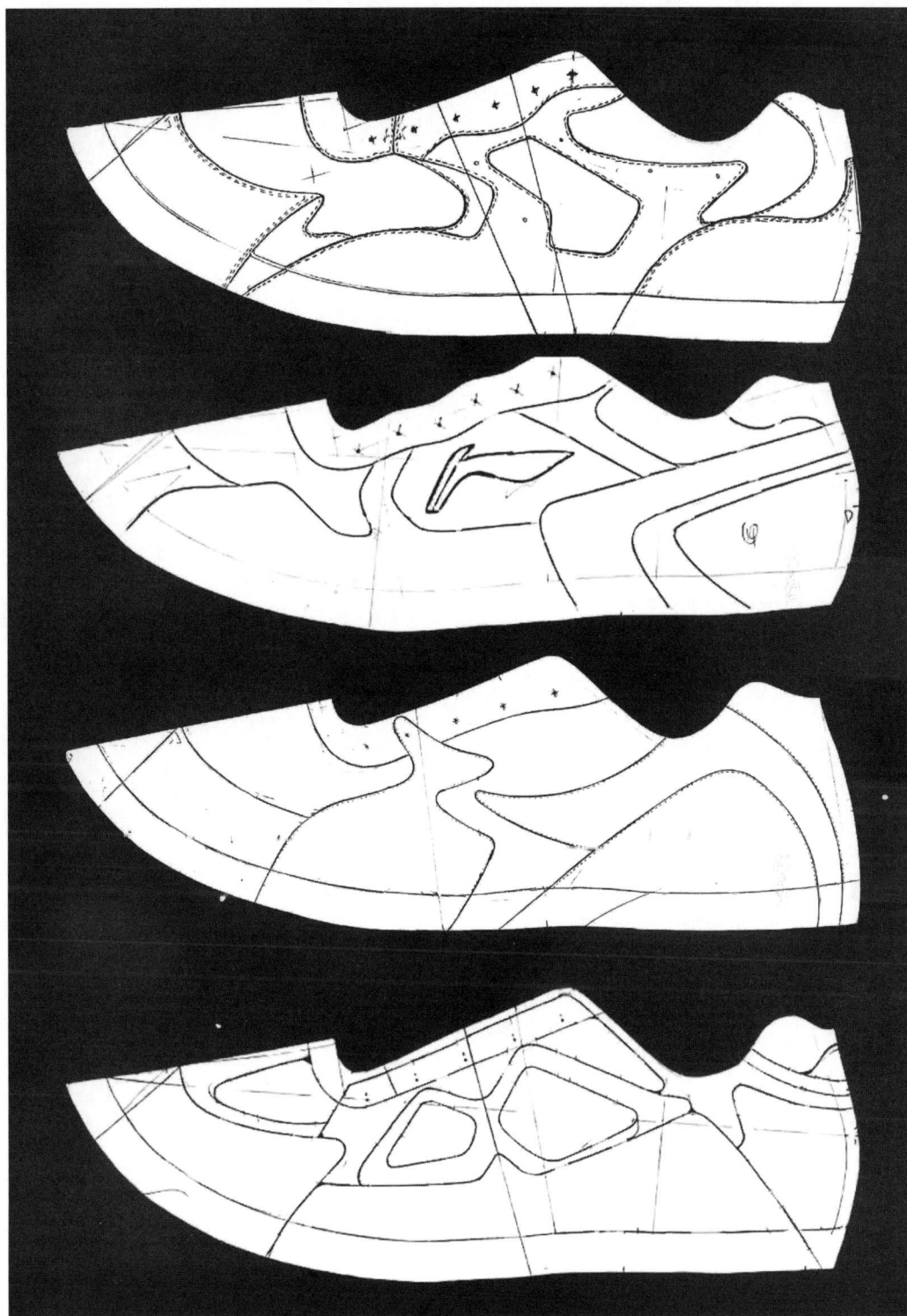

图 1-40 运动鞋学生练习作品 3

第二章

C型前套慢跑鞋结构设计与制板

课题名称： C型前套慢跑鞋结构设计与制板

课题内容： 1. C型前套慢跑鞋结构图绘制

2. C型前套慢跑鞋面料样板制取

3. C型前套慢跑鞋里样及其他补强样板制取

4. 本章小结与综合练习

课题时间： 16课时

教学知识目标： 1. 理解并掌握慢跑鞋结构组成与结构特点

2. 掌握慢跑鞋母板制作方法

3. 掌握慢跑鞋的鞋面、鞋里及补强等样板制取方法

教学能力目标： 1. 能理解等面积取跷法

2. 能举一反三，根据设计图独立完成C型前套慢跑鞋面样、里样、补强及其他样板制作

3. 能将舒适性设计理念融入样板设计制作过程

课程思政目标： 1. 提升审美素养与创意表达：实践设计效果图至母板绘制转化，锻炼精准美感捕捉力，提升审美情趣与创意设计潜能

2. 倡导工匠精神与精益求精：样板制作锻炼精准细节感，树立精益求精的工匠精神及对工作的专注与耐心

3. 树立成本意识与资源管理：在样板结构设计中融入合理套画与成本节约的理念，树立资源有效利用与成本控制的意识

教学方式： 教师通过演示文稿（PPT）图文讲解、实物鞋现场分析、视频观看、现场演示等形式帮助学生学习基础理论知识与相关技能要点，学生在理解的基础上进行讨论与综合练习，最后教师再根据学生的提问及练习中存在的问题逐一分析解答

课前（后）准备： 课前了解本章学习内容安排，提倡学生查阅资料，了解慢跑鞋的流行趋势、工艺与材料。课后要求学生复习相关内容，完成综合练习，掌握所学理论与技能要点

C型前套是运动鞋中较常见的一种头型设计，可以通过前套造型变化，如长短变化、镂空设计、叠加设计、不对称设计等形式增加前套部件的设计感。同时C型前套部件可以对脚趾起到一定的防护作用，在慢跑鞋、休闲鞋和登山鞋的设计中应用较多。

第一节　C型前套慢跑鞋结构图绘制

成品款式图是反映成品最终效果的线条图，能够清晰地反映出鞋款的部件特征与组合形式，绘制鞋帮结构图要参照款式图，确保以此结构制板所得成品鞋与成品效果图的一致性。在绘制中，根据需要结合三视图进行，以保证结构图绘制的准确性。因此，绘制结构图之前，先对成品款式图进行分析，再着手结构图的绘制。

一、C型前套慢跑鞋成品款式图分析

分析款式图的过程是深入了解鞋子结构的过程，如图2-1所示，是一款双峰造型的慢跑鞋，鞋头为C型前套叠加小装饰片的设计，护眼部分设计了一个与前套连接的护眼饰片，在制取样板时，护眼部件可以断帮而不必做工艺跷处理，侧身为镂空设计的侧饰片，后帮设计后套部件用于稳定后跟部位，上方无后上片（眉片）设计。因此，鞋身板（大面板）在后弧处需加反接量，不能采用万能车缝（万能针车由于强度关系，一般不宜外露）。

图 2-1　C型前套慢跑鞋成品款式图

二、结构图绘制前的准备

绘制结构图前，首先复制一份选定的慢跑鞋楦展平折中板（贴楦、展平、折中操作详见第一章第三节），在后弧处加放材料厚度预留量，在底口加放绷帮余量，再根据款式图绘制外框轮廓与内部结构图。

（一）加放材料厚度预留量

与皮鞋相比，运动鞋为了保证成鞋强度，所选用的材料相对较厚，加之结构关系，材料层数也较多。以本款为例，在后帮处由内而外依次为：附合海绵的翻口里、边里、领口泡棉、后港宝、鞋身板（大面板）、补强、后套。因此，为了保证成品鞋实际内腔大小，需要在后弧处加放材料厚度预留量，通常上口加放10~15mm（包括材料厚度与领口泡绵厚度），D点以下加放5mm（主要为材料厚度），如图2-2所示。后弧材料厚度预留量的加放并非一成不变，其需要根据材料厚度、材料弹力以及试板情况进行调整。

（二）加放绷帮余量

本案例采用绷帮（攀帮）工艺，需在帮脚加放绷帮余量（网脚量），本款案例为慢跑鞋，由款式图可以看出，鞋底底墙在前尖处较低、后跟处较高，因此在加放余量时，可以在前段（前开口点之前）加放15mm绷帮量，中、后部分仅留3mm中底厚度，在后期制板时，部件面料样板在底口与母板保持同样的绷帮量，而里样板在前段加放6mm，中、后部位加放15mm绷帮量，如图2-2所示。

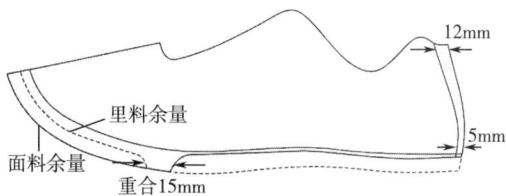

图 2-2　余量加放与外框绘制

（三）绘制外框造型

加放完加工余量后，依据款式图绘制出双峰式外框（方法同第一章第四节），如图2-2所示，然后进行其他帮部件结构图的绘制。

视频 2-1
结构图绘制

三、C型前套慢跑鞋结构图设计（视频2-1）

对于初学者而言，在画结构图时很容易出现比例不协调的现象，比如，前后套部件画得过大或过小，导致中间部件人小比例失调；也有的从前套起笔一直向后画，结果最后发现后帮部件空间不足等现象。笔者建议初学者在画结构图时可以采用孔位参照法，即先画护眼部件，定出鞋孔位置，以鞋孔为基础参考，再进行其他部件结构的绘制。

具体做法：绘制出护眼部件，定好鞋眼位置，对照成品效果图，观察前套部件长度、弧度造型变化与鞋眼位之间的位置关系、侧身装饰片起始和结束位置与鞋眼位置的关系等。在实践操作时，可以在成品图中把所有特征部位（起始点、结束点、凸点、凹点等）点作地面的垂线，观察其与鞋眼位置或相邻部件之间的位置关系，可以辅助初学者把握整体结构比例，绘制比例协调的结构图。

（一）护眼部件结构设计

设计护眼部件不仅可以丰富帮面造型，同时能起到稳定鞋口、增强打孔部位强度的目的。在设计时，其前端仅为装饰性设计，不承担强度作用，宽度可以根据设计风格或宽或窄灵活变化，一般设计10~15mm为常见；护眼侧面需打孔穿鞋带，要具备一定的强度，不能设计得过窄，宽度多为13~18mm，鞋孔一般打在宽度中间位置，设计时为了丰富其造型变化，一般在靠近脚山位置处的宽度略大于前开口位置处，即护眼从前向后逐渐加宽2mm左右。

本案例在结构图绘制时，护眼前端宽度取 15mm 左右，护眼侧边前端取 14mm，后端脚山位置附近取 16mm，参考成品款式图以顺滑优美弧线绘制出护眼部件结构图，并定出鞋眼位置，如图 2-3 所示。

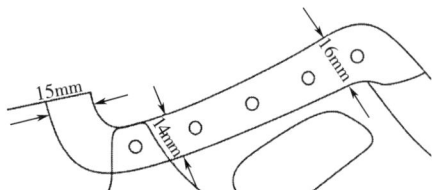

图 2-3　护眼部件结构设计

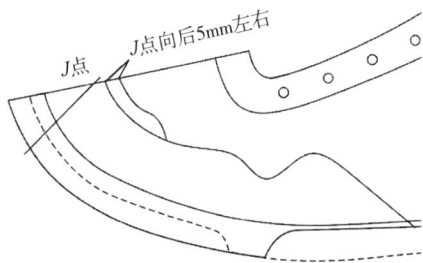

图 2-4　前套部件结构设计

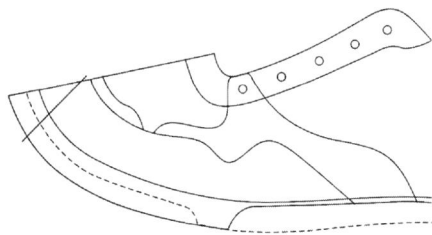

图 2-5　护眼饰片结构设计

（二）前套部件结构设计

设计前套部件不仅可以增强前帮的设计感，同时能对脚趾起到一定的防护性能。分析本款成品图，C 型前套长度大约在第 3 孔位附近，在第 1 孔位附近设计凹、凸弧造型，以此把握前套部件的造型与位置，不至于出现明显比例失调的现象。

观察分析成品图之后，开始着手绘制前套结构图。在绘制时需注意，为了使前套部件在楦体厚度之上，这样成品鞋在俯视角度不至于感觉前套垮下去，起笔位置要在头厚点 J 点之后 3~5mm，起始一小段与背中线垂直，以保证前套部件对称后是顺滑弧线，不会出现凹或凸的尖角，顺势依着成品图向后画出整个前套部件，然后画出前套装饰片，如图 2-4 所示。

（三）护眼饰片结构设计

护眼饰片部件主要起到装饰作用，在本案例中，还可以在此装饰片下对护眼部件进行断帮，一来可以避免护眼部件的取跷处理，二来有利于合理套画，节约材料成本。

通过分析成品图发现，饰片包裹第一个孔位，长度向后延伸至最后一个孔位附近，结合成品图及其与 C 型前套的位置关系，绘制出饰片结构图，如图 2-5 所示。

（四）后套部件结构设计

后套部件的造型变化设计除了可以增强后帮的设计感外，还能起到稳定鞋后身的作用，大多数运动鞋均有后套部件设计，后套结合后港宝可以很好地起到对后帮的定型和防护作用。

分析成品图可以看到，后套上口造型与后领口造型协调、匹配，在结构图绘制时须注意起始一段要与后弧线垂直画一段线条，以保证后套成品在后弧线处无凹型或凸型尖角。初学者可以参考相似款式成品鞋或者成品鞋照片的三视图照片来进行结构图绘制，不能完全只参照侧视效果图绘制结构图。后套长度大约在足踝对应位置，对照成品图以流畅的线条画出后套结构图，如图2-6所示。

（五）侧饰片结构设计

运动鞋的侧部鞋身一般用来设计商标或者装饰性部件，主要起到装饰作用。同时，在装饰片下方可以对鞋身板（大面板）进行断帮处理，一来解决取跷问题，二来断帮可以提高材料的出材率。

通过分析成品图可以看到，侧饰片前端与前套相接，后上端从最后一个鞋孔位置起笔，下端与后套相连，上下有两个镂空，上方镂空在第2和第4孔位之间，下方镂空从第4孔位开始，略长于第5孔位，对照成品图侧饰片造型，以流畅的线条绘制出侧饰片结构图，至此完成整个结构图的绘制工作，如图2-7所示。

图 2-6　后套结构设计

图 2-7　C型前套结构设计

第二节　C型前套慢跑鞋面料样板制取

在制取样板时，需要遵守两个原则：第一，总面积相当；第二，接帮线长度不变。总面积相当而非相等，因为在制板时会进行各种取跷处理操作，无法保证面积完全相等，加之材料一般都具有一定的弹性，只要总面积基本不变（相当），成型时一般都可以伏楦。接帮线长度要保持不变，因为接帮线要与其他部件进行结合，如果其长度发生变化，会导致接帮时因长度不对等而出现不平整现象。

相较于皮鞋，运动鞋样板数量较多。首先，因为运动鞋的帮面分割变化比较多，这就使运动鞋的面料、里料样板也对应增多。其次，除了面料、里料样板外，运动鞋还有翻口里（后里布）、领口海绵、护眼补强、前港宝、后港宝等各类补强样板。

取板之前首先将结构图转换为划线板（母板）。母板是制取后续所有样板的依据，因此务必精准，以求降低误差。这里推荐用刻刀沿所绘制结构线割开，再用扎锥沿割线进行增宽的方式（宽度保证铅笔尖可以画线即可）。相比刻槽，扎锥增宽不仅可以降低误差，同时也适合运动鞋部件多的特征。

为了最大程度保证后期所取样板的曲线造型与原始结构图一致，在刻刀割线之前对结构图进行整体规划，即所有部件弧线凸、凹等特征位置部位不停刀，中间停刀位置应在弧度变化平缓处。可以预先用铅笔在所有适合停顿位置做上标记（如在平缓部位打"‖"符号），再起刀刻线，避免中途刻画失误。这样在后期取板时，可以基本将原始曲线造型复制在所取样板上，停刀部位前后顺滑连接。

样板制取不仅要最大程度与设计图保持一致，还要考虑工艺操作的可执行性，在样板设计时尽量方便后期成品制作。在本案例中，完成最后结构图绘制后，要在母板领口位置打两个对位标记，以辅助后期翻口里与鞋身板的反接。一般当两个部件进行较长距离的反接或拼缝时，需要在两个部件上打对位点，用于辅助。最终划线板（母板）制作如图2-8所示。

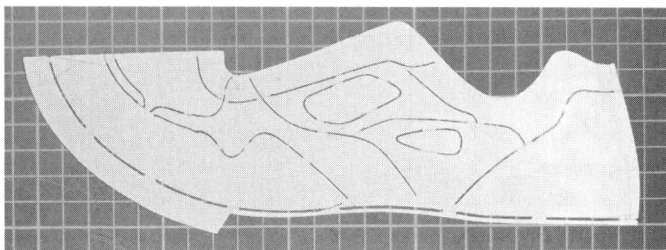

图 2-8 C 型前套鞋划线板制备

一、前套部件及前港宝样板的制取

（一）C型前套（视频2-2）

视频 2-2
C 型前套取跷

在上一步绘制C型前套时，为了保证前套部件在对称位置呈光顺弧线，前套起始一段与前帮背中线垂直。取板时，若直接以前帮背中线为对称线，则对称部位平滑光顺，但没有达到取跷目的，前尖部位多出楦头厚自然跷30°对应的面积，因此，不能直接以前帮背中线进行对称取板，需要将楦头厚自然跷的30°对应的面积处理掉。

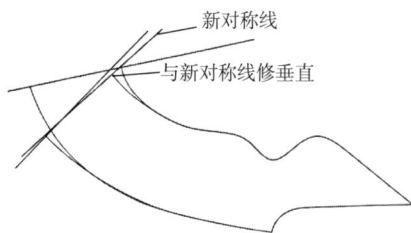

这里介绍直接取跷法，即重新设定对称部件对称线，将前尖30°自然跷在底口对应位置点与前套起始点连接为新对称线（可根据材料弹力，该点在J点与前套起始点之前适当调整位置），如图2-9所示。

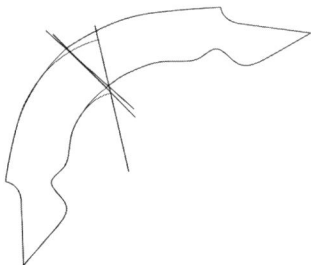

图 2-9 C 型前套取跷过程

以新的对称线来制取前套样板，但此时不能直接对称处理，若直接对称则会在对称部位出现凸起的尖角，需要从前套弯弧部位开始，重新调整前套弧线，使其与新对称线垂直，以保证对称后是平整弧线，然后将前套底口线也与新对称线修垂直，一来使对称后的样板无尖角，二来可以补足前套因取跷而少掉的部分面积，如图2-9所示。取跷结果如图2-10所示。

图 2-10 C 型前套取跷结果

（二）前港宝（头衬）

前港宝（头衬）是鞋头部位的定型与补强部件，不仅可以稳定鞋头造型，还具有保护脚趾的作用，一般采用热熔胶片，成型后具有一定硬度。

前港宝部件在取板时可以以取跷后的前套为参照，将前套底口一边收进12mm，即港宝仅留3mm的中底厚度量，前套车缝一边收进7mm，避免被车缝，由于港宝材料成型后具有一定硬度，因此，前港宝长度应控制在跖围线之前，否则会影响脚的弯折，影响穿着舒适性，一般单侧长度取70~80mm，前港宝制板如图2-11、图2-12所示。

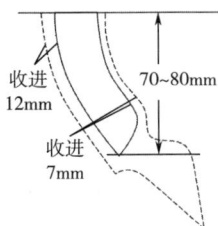

图 2-11 慢跑鞋前港宝制板过程　　　　　　　图 2-12 慢跑鞋前港宝制板结果

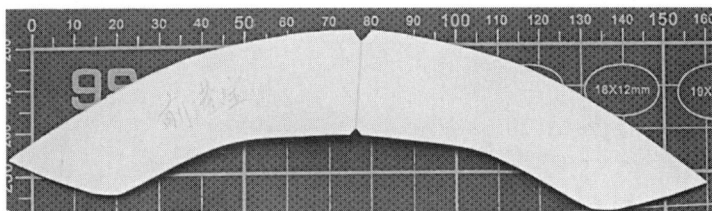

（三）前套饰片

前套饰片的设计丰富了单一的C型前套鞋头，位于前套部件下。因此，在制板时，需要加放压缝量，一般运动鞋压缝量取7~8mm。加放的工艺余量应刻槽标记，在后期划料时以便将加放的余量画在对应材料上，辅助车缝。刻槽时，一刀沿线割开为主刀，另一刀为辅助线，通常需要在辅助刻线上打一小三角缺口，以提醒工人画线时沿主刀画线，从而减少误差，在对称处打三角缺口标记，制板结果如图2-13所示。

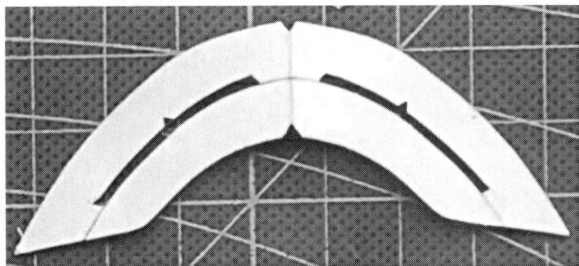

图 2-13 慢跑鞋前套饰片制板结果

二、护眼部位样板的制取

（一）护眼（视频2-3）

护眼部位需要打孔穿鞋带，一般为U型设计，也可以进行造型变化，护眼部件设计除了丰富帮面造型外，主要用以稳定鞋口形状，增强打孔处的强度。

视频 2-3
护眼取板

本案例中，母板未改变原始跷度，因此，护眼在脚山位置有部分超出前帮背中线（对称线）无法直接对称取板。但在第一鞋孔位置有护眼饰片设计，则护眼取板有两种方案：第一，通过取跷处理后对称，得到完整的U型护眼；第二，在饰片下方断帮拼缝，避免取跷。断帮拼缝较为简单，本节介绍护眼的取跷制板法。

这里介绍一种中线调整法制取护眼样板，所谓中线调整法是指原对称线无法满足开板要求，而重新调整对称线。具体做法如下：用母板在卡纸上画出前帮背中线及护眼，取护眼前端宽度中点为A点、取脚山向上2mm点为B点，连接A、B两点为新的对称线，即可满足对称取板要求。以此线直接对称，护眼在前开口位置处会略有尖角，需要将护眼前端线条与新对称线修顺且垂直，如图2-14所示。为了避免U型护眼部件在后期画料时发生形变，割取样板时在中间保留一小部分，如图2-15所示。

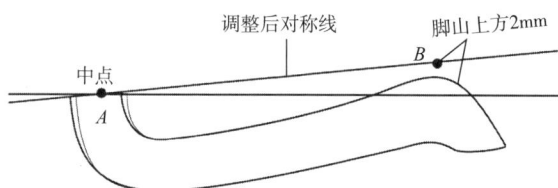

图 2-14　慢跑鞋护眼中线调整法

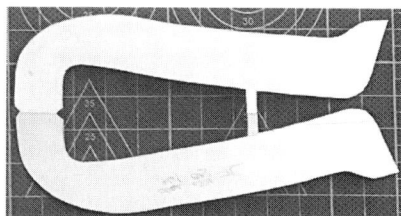

图 2-15　慢跑鞋护眼样板制取

（二）护眼补强（长纤）

由于护眼部位要打孔穿鞋带，属于经常受力的部位，为了防止穿着过程中由于鞋带收紧而发生形变，一般会在此部位加补强部件。补强属于辅料，成品鞋中无法直接看到补强材料，因此对于制板精度要求不高，制板方式也有多种，这里先介绍一种方式。

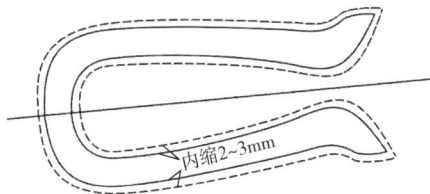

图 2-16　慢跑鞋护眼补强（长纤）样板制取

以取跷之后的护眼样板为参照，将护眼整体一圈向内缩进2~3mm，补强部件贴在护眼部件上，而不必车缝，制板方法如图2-16所示。

（三）护眼饰片

护眼饰片部件主要起装饰作用，其样板一般不涉及取跷处理。在本案例中，护眼饰片被前套所压，只需在被压部位加放7~8mm的压缝量并刻槽即可，样板制取如图2-17所示。

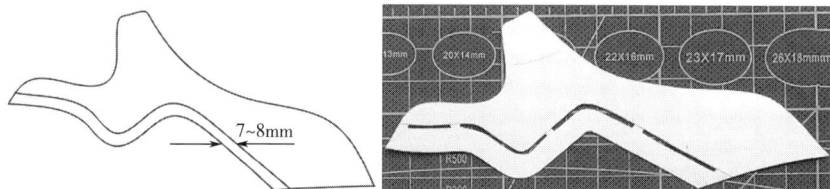

图 2-17　慢跑鞋护眼饰片样板制取

三、后套部件样板的制取（视频2-4）

后套部件主要用于稳定后身，防止运动过程中过度内旋或外旋。在制板时需要以后弧线进行对称，此时就需要通过取跷完成后套样板的制取，这里先介绍后套旋转取跷法。

视频 2-4
后套旋转取跷

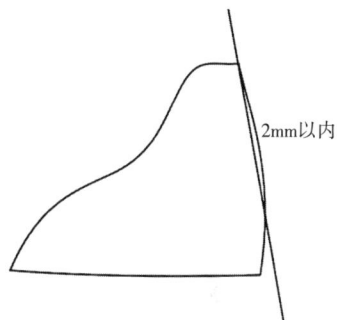

先定出对称线。因为后弧线无法直接对称，需要确定一条直线作为对称线，这条直线既要满足开板，同时要控制误差。一般以后套上端点为直线起点，直线终点的确定需要保证直线与后弧线之间的最大间距在2mm以内，这样可以认为此段直线与弧线长度近似相等，如图2-18所示。

后套底口未与对称线重合部分的处理有两种形式，第一，鞋底底墙较高，则直接以直线对称，底口部分不做处理，内腰、外腰开衩部分直接拼缝，合底后底墙能盖住拼缝线；第二，底墙偏低，需要通过旋转处理底口部分，根据未重合部分的大小分多次（一般为2~3次）进行旋转。旋转点的选取一般在后套弧线的凹点或凸点附近的平缓线条上，这样可以避免在弯点旋转而改变弯弧造型，若分多次旋转，旋转点也应取多个，多个旋转点之间间距5mm。在本案例中，旋转点的选取及底口分段如图2-19所示。

图 2-18　后套对称线的确定

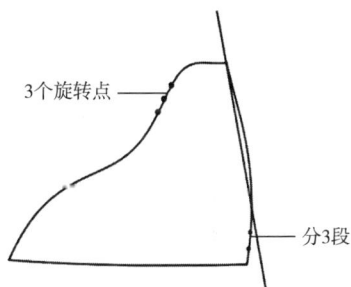

在开始旋转之前，先画出第一个转点之前的外轮廓，然后按第一个转点进行旋转，使底口第一部分与对称线重合，再画出第一、第二旋转点间的5mm，接着以第二个转点进行旋转，使底口第二部分与对称线重合，再画出第二、第三旋转点间的5mm，接着以第三个旋转点进行旋转，使后套底口全部与直线重合，画出第三旋转点后的外轮廓，此时就完成了后套的旋转操作。最后

图 2-19　旋转点确定

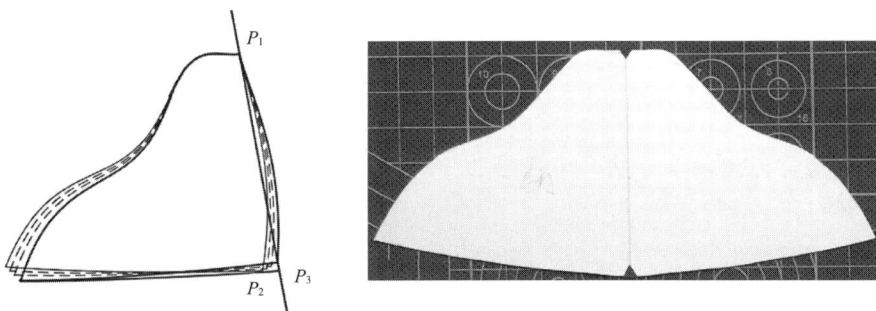

需补足长度，使旋转后对称线上后套高度P_1P_3与原始后套弧线P_1P_2等长，自此完成后套的旋转取跷，对称切割开，如图2-20所示。

图 2-20　后套部件旋转取跷

四、侧饰片样板的制取

侧饰片在设计方面主要用于丰富鞋子的侧身造型，在结构方面可以用于遮挡鞋身板的断帮线条。在本案例中，侧饰片分别被护眼、护眼饰片及后套所盖，这几处需要加放7~8mm被盖量，并刻槽用于标记，如图2-21所示。

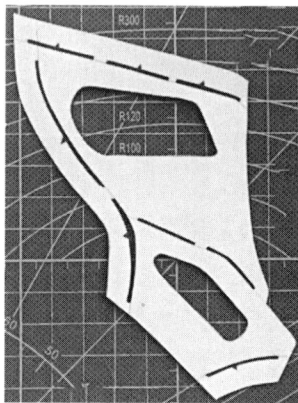

图2-21　慢跑鞋侧饰片制板

五、鞋身板（大面板）样板的制取

运动鞋的帮部件数量比较多，且排列不连续，若直接将所有帮面部件车缝在一起，操作难度会比较大，同时，出于强度因素考虑，一般运动鞋会有鞋身（大面）部件设计，将所有小的帮部件车缝在大面板上。

分析本案例，鞋身板（大面板）制作无须跷度处理，其制板要点如下。

（1）母板未进行降跷处理，鞋身样板无法完全以前帮背中线对称（脚山部位里、外踝会有重叠），一般有两种处理方式：其一，鞋身部件进行断帮处理，断帮后一般进行拼缝工艺，因此断帮位置须能够被其他部件遮盖，本款案例中断帮线可设计在侧饰片下方，如图2-22所示；其二，如果里踝、外踝在脚山处重叠较小，则鞋身板可以直接以前帮背中线对称，脚山处做缺角处理，这个缺角后期可以被护眼及边里部件遮挡，如图2-23所示。若采用断帮处理法，断帮位置在侧饰片下方，如图2-22①标识所示。

（2）本款鞋无后上片（眉片）设计，因此，鞋身板在后弧处需反缝（反接）处理而不能拼缝，反接量一般加4~5mm，如图2-22②标识所示。

（3）前尖处的头厚自然跷放置在鞋头两侧处理，有利于后期的绷帮等成型操作。处理在距离背中线15mm左右的位置，与背中线平行割开，割开深度到头厚点J点附近，取30°头厚跷角，缺口的两边后期进行拼缝操作，因此，须修整两边等长，为了后期剪口拼缝时不出现尖角，在30°尖角处割开一个小三缺口，如图2-22③标识所示。

（4）需要对鞋身板进行刻槽处理，后期划料时用水银笔沿槽位画线，其他部件依线车缝帮。刻槽宽度需保证水银笔尖可以顺利画线，一般第一刀沿着线割开，第二刀为辅助线，辅助线要打剪口予以标识，画线时水银笔要紧靠第一刀线条（即车缝帮线条）画线以减少误差，第二刀辅助线一般要刻在能够被部件遮挡的一边，这样车缝后，水银笔线基本会被部件盖住，减少后期整饰工作量，如图2-22④标识所示。假线位置刻槽，要尽量将假线放在刻槽中间位置，如图2-22⑤标识所示，在手工割板操作时，难度较大，可以用扎锥增宽进行。

（5）鞋身样板在底口可以不加绷帮量，仅留3mm中底厚度，如图2-22⑥标识所示，前帮部位绷前套，后帮部位绷边里。

（6）以母板为准，将定在母板上的对位点标记在鞋身板上，辅助后期鞋身板与翻口里的反接工艺，割板时在对位点处留一向外凸起的小三角或向内的小缺口，如图2-22⑦标识所示。

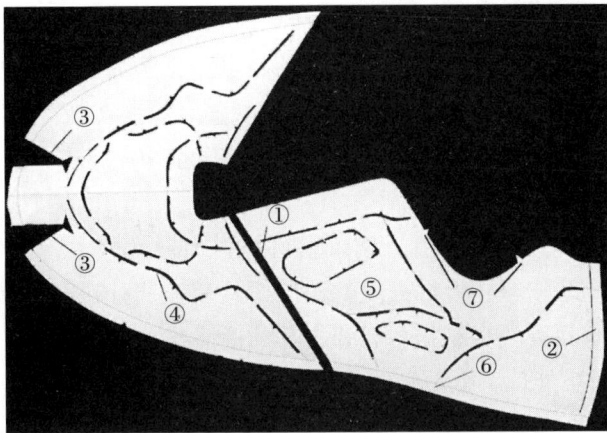

图 2-22　慢跑鞋鞋身样板（断帮法）

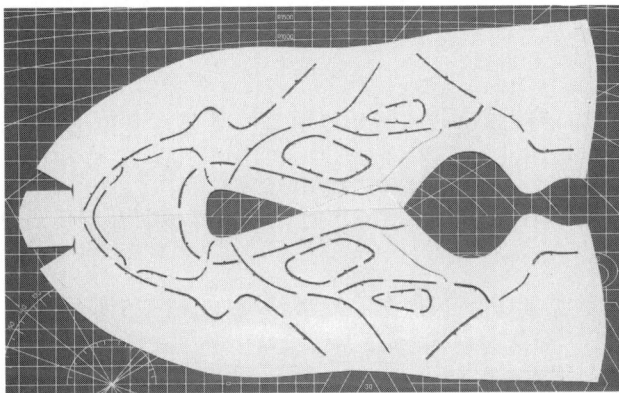

图 2-23　慢跑鞋鞋身样板（缺角法）

第三节　C 型前套慢跑鞋里样及其他补强样板制取

　　相较于皮鞋，为了提高运动鞋的舒适性、耐久性、运动辅助等功能，运动鞋在结构设计上更为复杂，样板种类更多。本节主要介绍里料及辅料样板的制作。

一、翻口里（后里布）样板的制取（视频2-5）

　　运动鞋在后领口部位一般会有翻口里部件设计，又名"反口里""后里布"等。翻口里基本都有附合海绵，车缝时与帮面进行反接，喷胶粘贴后港宝与领口泡棉，翻折到后帮内里部位。在造型方面，由于翻口里部件材料柔软、弹力较大，与相对较硬的帮面反缝、翻折后，会在帮面留下一条翻口里布料的色彩条，起到一定装饰作用；在舒适性方面，附合海绵的翻口里可以保证运动鞋在领口部位不会磨脚、

视频 2-5
翻口里（剪切法）

卡脚，提高穿着舒适性。

翻口里在制板时有多种方法，本节先介绍目前企业里常用的一种，如图2-24所示。制板关键点有如下六点。

（1）确定翻口里的位置线。一般上端在脚山位置前20~25mm处，下端在脚山正下方附近。

（2）确定翻口里的对折线。由于翻口里材料弹力通常较大，且位于鞋子的最内侧，为了保证成品鞋内里无皱，样板对折线的选取要从后弧线处进行缩减，一般上端向内缩3~5mm，下端缩8~10mm，需要根据材料弹力及试板情况予以调整。

（3）足踝位置消皱处理。低帮鞋的足踝部位为凹弧，在翻折后容易出现褶皱，因此，要在足踝位置进行消皱处理。在足踝最低位置取一条直线，以直线为中心，向左、右各约2mm（总宽度3.5~4mm），与直线下端连接，形成一个三角形区域，手工取板时，将此三角形区域用刻刀去掉，翻口里左右两部分用美纹纸在背后拼接起来，完成足踝位置的消皱处理。

（4）为了使反口里与帮面车缝后贴合紧密，从翻口里上端位置线处向下降2mm左右顺连至脚山位置。

（5）翻口里与帮面进行反接但不用加反接量，需要在底口加上反绨、翻折的损失量，一般底口总余量加23mm左右（绷帮工艺）。

（6）依母板将对位点标记于领口对应位置，割下样板时在对位点处留一小三角，用于对位。

翻口里制板参考数据如图2-24所示，制板结果如图2-25所示。

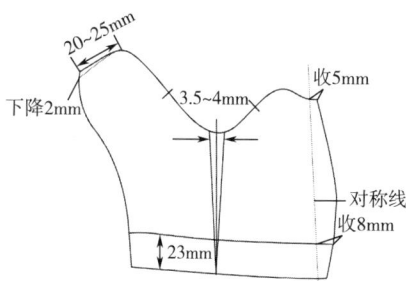

图2-24　慢跑鞋翻口里制板过程

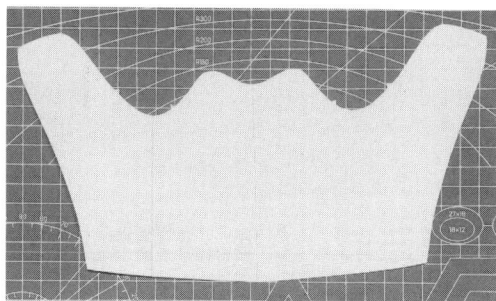

图2-25　慢跑鞋翻口里制板结果

二、领口海绵与后港宝样板的制取

后港宝配合后套一起用于稳定后身，所用材料比前港宝材料更厚、更硬，为了防止后港宝磨脚、卡脚，需要领口海绵遮住港宝上口，因此，后港宝和领口海绵样板一般一起制作。其制作要点如下所示。

（一）领口海绵

如图2-26所示，取后帮高的中点，该点为领口海绵后端宽度点，海绵前端宽度女款37码取25mm左右，男款41码取30mm左右，海绵长度位置一般取在最后一个鞋眼后

12~15mm位置，为了达到领口部位饱满及对脚的防护性，在上口位置加4~6mm的翻折量，以顺滑弧线画出海绵造型。最后连接海绵部件上下端点为样板对称线，完成海绵部件的取板。

（二）后港宝

为了港宝不会磨脚、卡脚，取板时使港宝与海绵有12~15mm的重叠量，即从中点向上12~15mm为港宝高度位置，港宝底口长度取80~90mm，以顺畅弧线连接高度点至长度点，画出港宝造型。

接着将港宝高度进行三等分，以上两段的上下端点连线为港宝对称线，最后一段开衩处理，完成港宝的制板，如图2-27所示。

三、内里样板的制取

运动鞋根据鞋身板（大面板）所使用材料的不同，内里样板可有可无。若鞋身板采用皮料，则需要做内里样板，若鞋身板采用三合一网布，则可以省掉内里部件。

内里可以制作成整鞋里，也可以断帮，分成头里、边里两部分。若断帮，内里断帮线尽量靠前不靠后，可从前面第1第2孔位之间断开拼缝，这样在成品鞋中基本看不到拼缝线。内腰、外腰连在一起的整内里制板后面章节会讲到。

断帮法制取内里样板如图2-28所示。取板时，前尖位置在30°楦头厚自然跷基础上加2mm作为自然跷处理量；后弧部位可以缩减2mm利于内里平整；最后在鞋口位置加2~3mm修边量，加至翻口里部位停止；底口绷帮量前帮部位取7mm左右，与鞋面绷帮量留15mm左右的重叠量，后帮绷帮量取15mm，如图2-29所示，也可以把翻口里部分的内里绷帮量少掉，即前帮绷面料、中帮绷里料、后跟处绷翻口里。

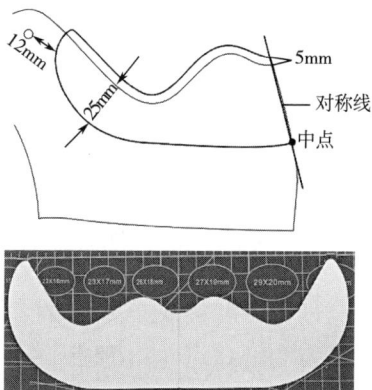

图2-26　慢跑鞋领口海绵制板

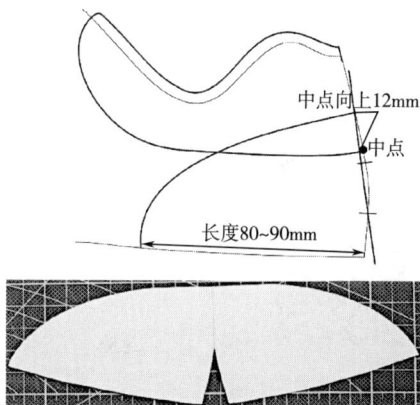

图2-27　慢跑鞋后港宝制板

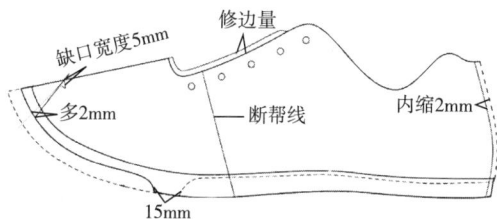

图2-28　慢跑鞋内里制板过程

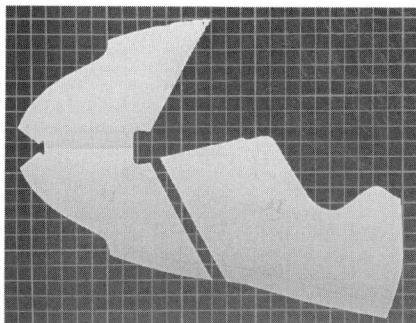

图2-29　慢跑鞋内里制板结果

四、鞋舌样板的制取

前开口式运动鞋的鞋舌一般单独开板、单独车缝，鞋舌主要作用是保护脚背，同时防止砂石进入鞋腔，还可以缓解鞋带绑缚对脚背产生的束缚压力。鞋舌样板一般分为舌面样板、舌里样板及舌棉样板，制板结果如图2-33所示，具体制板方法如下所示。

（一）舌面样板（视频2-6）

以母板为制板依据，画出鞋口部分轮廓，确定鞋舌长度与高度，如图2-30所示。鞋舌前端点为开口点（口门点）向前加12~15mm缉缝量，后端点为脚山点向后加25mm左右护口量，此为鞋舌面样板基本长度；鞋舌前端宽度为开口宽度加15mm左右，以保证鞋舌能够遮挡鞋眼孔，鞋舌后端宽度以人脚穿着后，鞋舌依然可以完全遮挡开口量为宜，一般女款37码取50~55mm，男款41码取55~60mm；为了鞋舌造型美观，取样板总长中点再向后约10mm，在此位置再向下4mm定一点，此点顺连至后端宽度位置，最后以光滑曲线画出鞋舌面样轮廓，以前帮背中线进行对称，具体制板操作如图2-30所示。

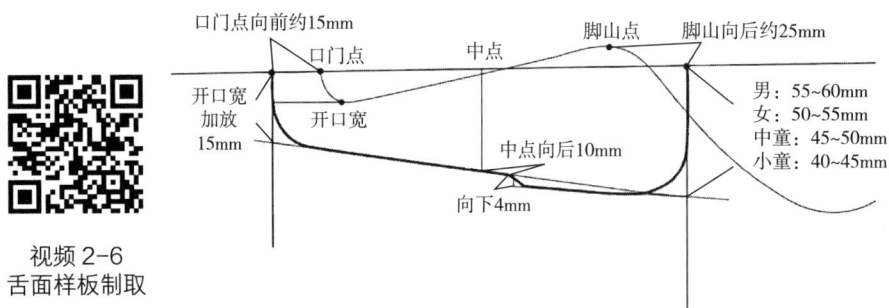

视频 2-6
舌面样板制取

图 2-30　慢跑鞋鞋舌面样制板方法

（二）舌里样板

鞋舌里样板的制取以面料样板为依据，如图2-31所示，先在卡纸上画一条直线作为里样板的对称线，接着拿出鞋舌面样板，对折后将其面样前端点对齐对称线，后端点较对称线提高1.5~2mm，画出面样其余轮廓线，这样使里样窄于面样，车缝后里样会拉着面样略微向下弯曲，更加贴合人体脚背弧度。前端位置的里样在面样基础上加放10mm与舌面错层，避免局部过厚，制板方法如图2-31所示。

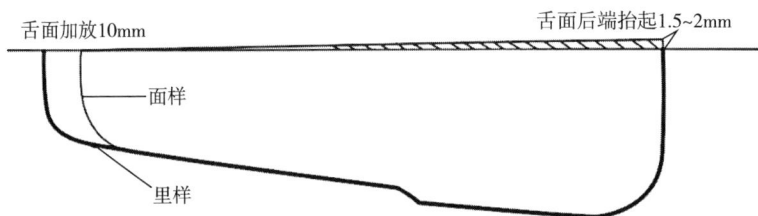

图 2-31　慢跑鞋鞋舌里样制板方法

（三）舌棉样板（视频 2-7）

舌棉样板也是以鞋舌面样板为制板依据，如图2-32所示。首先画一条直线作为舌棉样板的对称线，接着拿出对折的面料样板，将其对齐对称线，画出面样板外轮廓，标记出前开口点位置，从前开口点向后5mm为舌棉样板前端位置点，以便后期鞋舌与鞋体的车缝操作，再将舌面前段宽度缩进4mm左右，方便后期舌面、舌里车缝，后段与舌面同宽，鞋口位置较鞋舌面样加放5mm左右，以保证鞋舌成品在上口比较饱满，制板结果如图2-33所示。

视频 2-7
舌里、舌棉样板制取

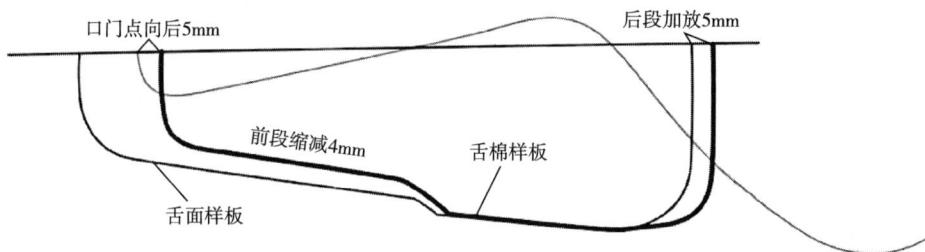

图 2-32　慢跑鞋舌棉样板制板方法

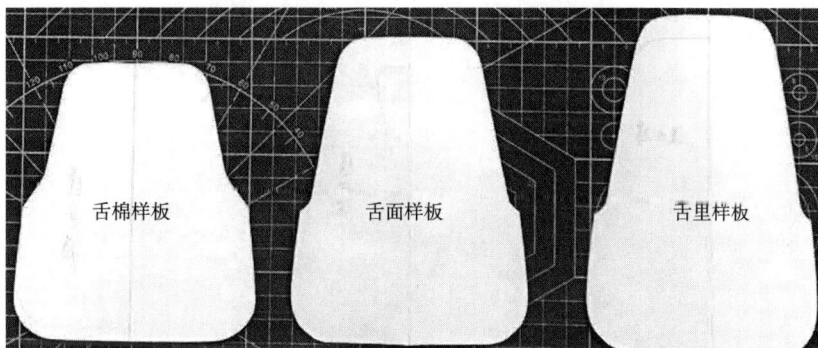

图 2-33　慢跑鞋鞋舌样板制板结果

本章小结与综合练习

本章小结

重点：掌握C型前套结构图的绘制方法；
掌握C型前套慢跑鞋类的取跷技术；
掌握C型前套结构的变形设计。

难点：能够根据基本款举一反三，掌握C型前套类慢跑鞋的结构设计与制板技术。

综合练习

实训目的：通过综合实训练习，掌握常见C型前套慢跑鞋或休闲鞋的结构设计与样板制作。主要掌握的知识及技能要点如下。

1. 慢跑鞋的设计特点与结构特点；

2. 孔位参考法绘制结构图的技法；

3. 基础的款式图分析法；

4. 运动鞋基础的取跷原理与方法；

5. 运动鞋内里及补强部件特点。

实训要求：以能够本章案例为基础，根据成品鞋实物、照片或款式图完成结构图绘制与结构设计，并根据工艺要求制作全套样板。

实训内容：以本章案例为基础，根据下列成品款式图或自己原创设计图完成对应的结构设计与全套样板制作（图2-34~图2-45）。

图 2-34　C 型前套慢跑鞋练习款式图 1

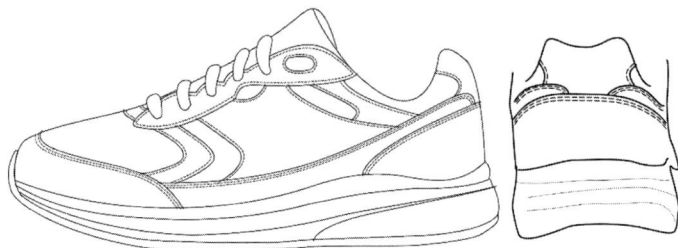

图 2-35　C 型前套慢跑鞋练习款式图 2

图 2-36　C 型前套慢跑鞋练习款式图 3

图 2-37　C型前套慢跑鞋练习款式图 4

图 2-38　C型前套慢跑鞋练习款式图 5

图 2-39　C型前套慢跑鞋练习款式图 6　　　　　图 2-40　C型前套慢跑鞋练习款式图 7

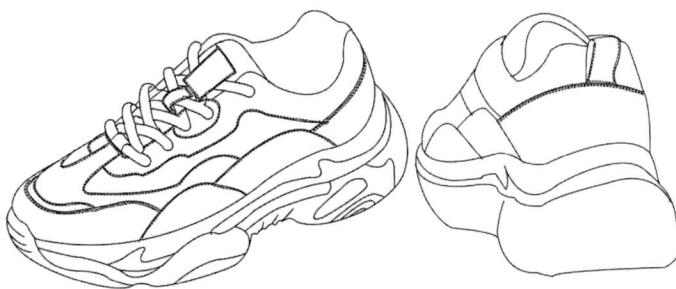

图 2-41　C型前套慢跑鞋练习款式图 8

图 2-42　C 型前套慢跑鞋练习款式图 9

图 2-43　C 型前套慢跑鞋练习款式图 10

图 2-44　C 型前套慢跑鞋练习款式图 11

图 2-45　C 型前套慢跑鞋练习款式图 12

学生开板作品案例：

案例一：练习款式图1（图2-46）

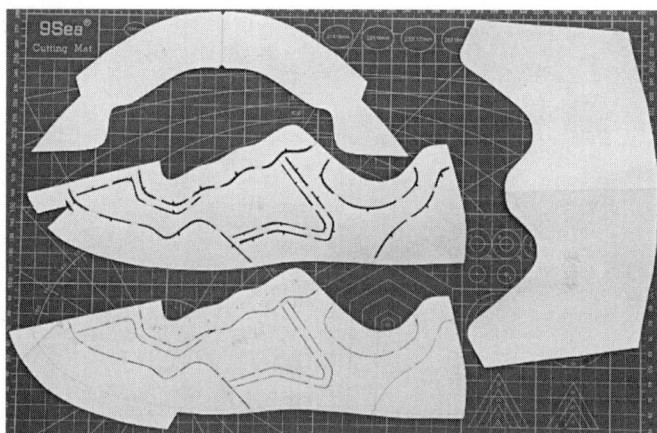

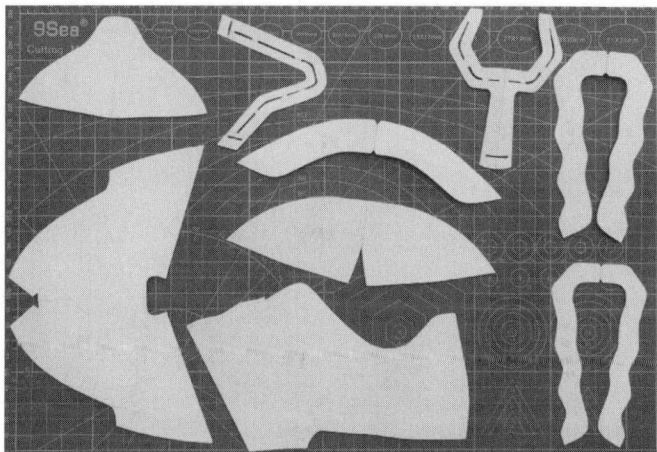

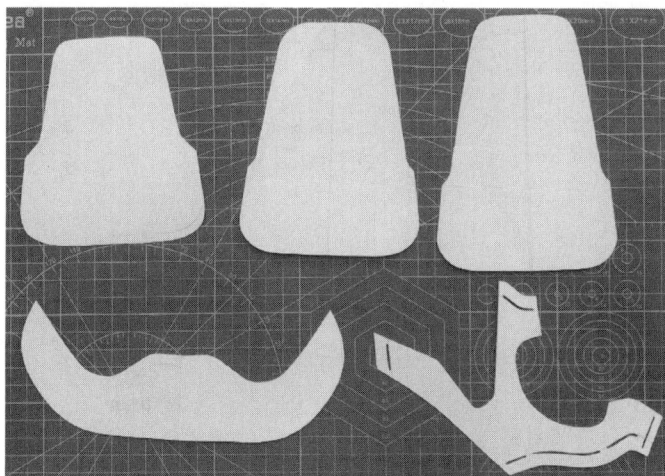

图2-46 C型前套慢跑鞋学生练习作品1

案例二：练习款式图2（图2-47）

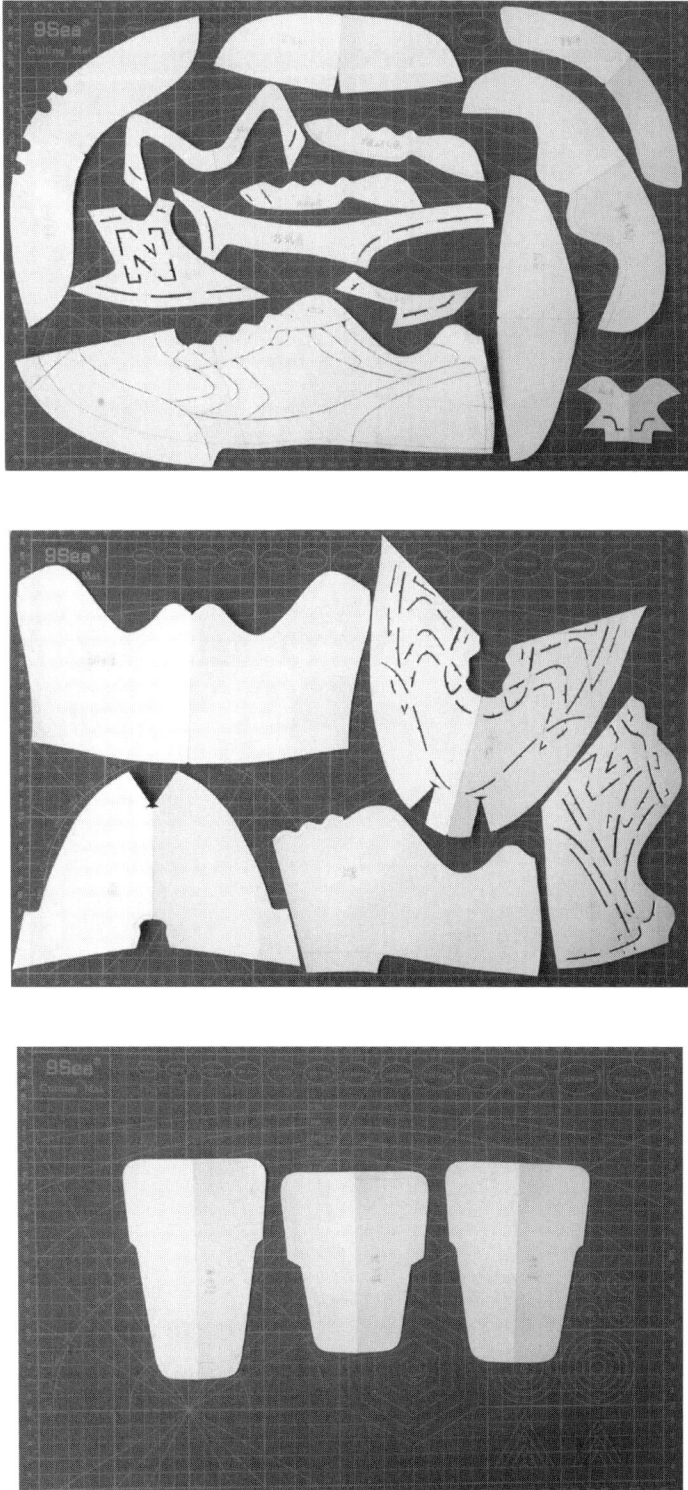

图 2-47　C 型前套慢跑鞋学生练习作品 2

案例三：练习款式图 3（图 2-48）

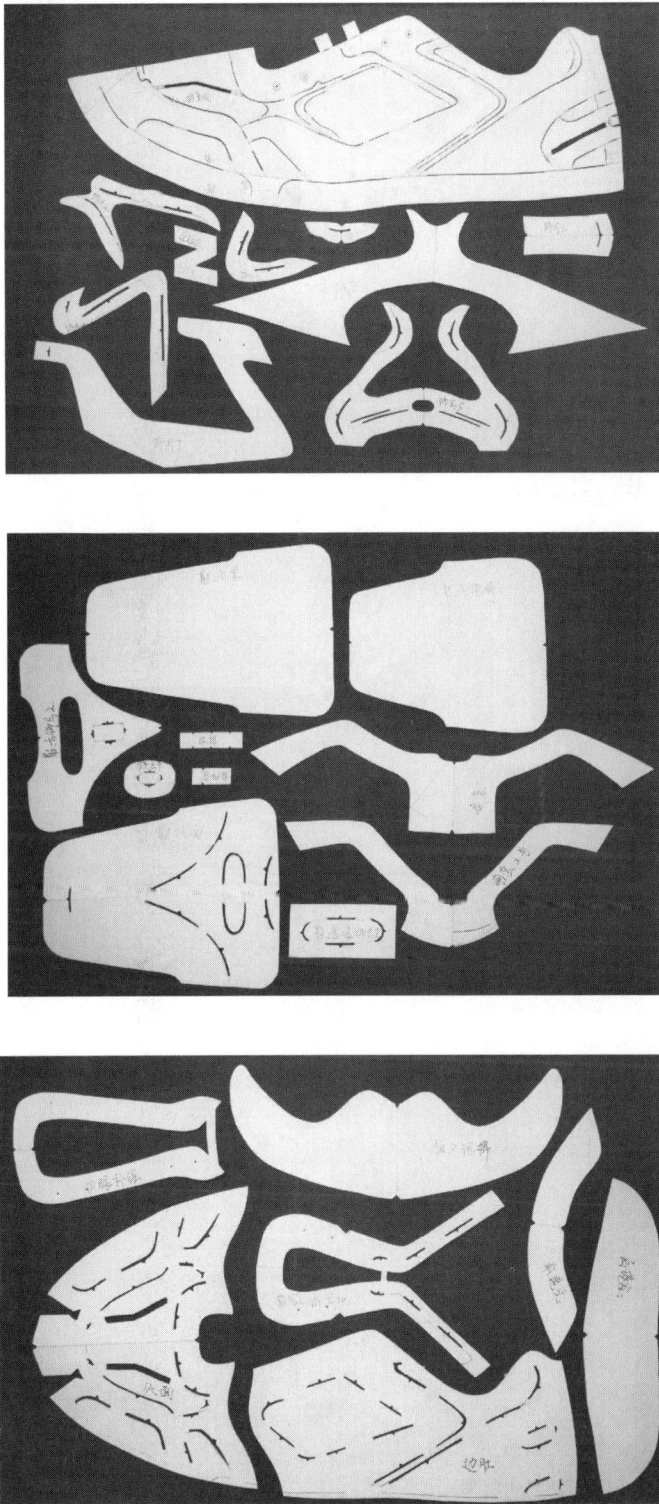

图 2-48

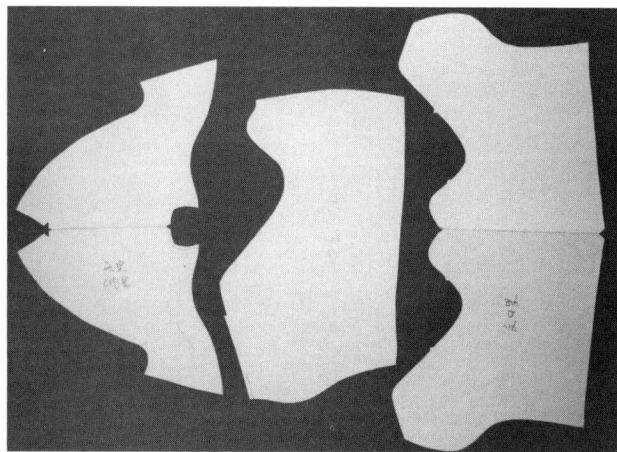

图 2-48　C 型前套慢跑鞋学生练习作品 3

案例四：练习款式图4（图2-49）

图 2-49　C 型前套慢跑鞋学生练习作品 4

案例五：练习款式图5（图2-50）

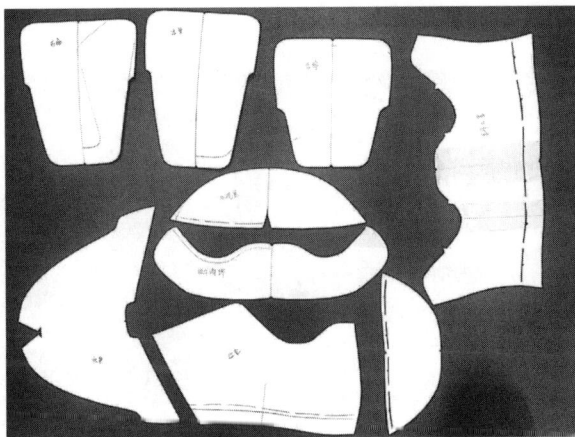

图 2-50　C 型前套慢跑鞋学生练习作品 5

案例六：练习款式图9（图2-51）

图 2-51

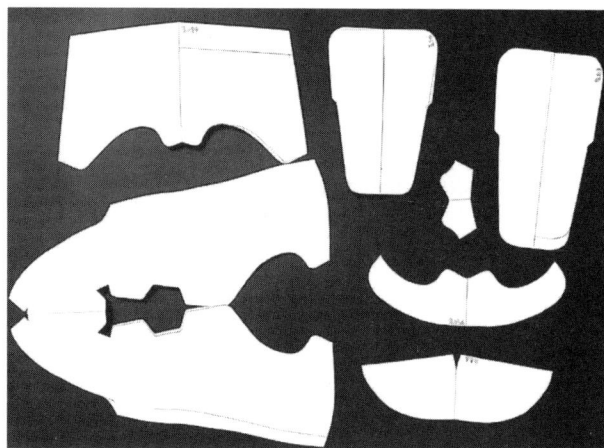

图 2-51　C 型前套慢跑鞋学生练习作品 6

案例七：练习款式图 10（图 2-52）

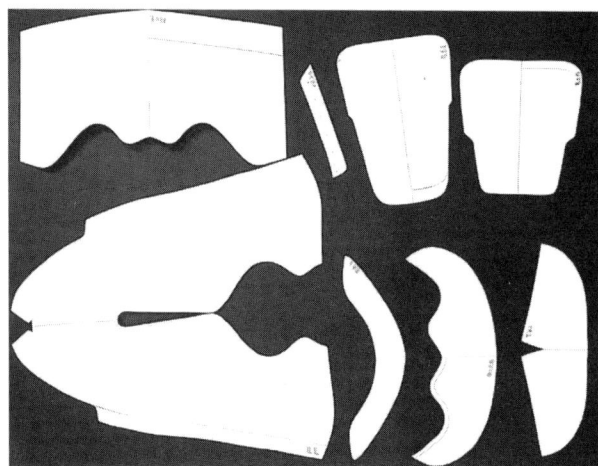

图 2-52　C 型前套慢跑鞋学生练习作品 7

第三章

W（T）型前套休闲鞋结构设计与制板

课题名称： W（T）型前套休闲鞋结构设计与制板

课题内容： 1. W（T）型前套休闲鞋结构图绘制

2. W（T）型前套休闲鞋样板制取

3. 本章小结与综合练习

课题时间： 16 课时

教学知识目标： 1. 理解并掌握休闲鞋结构组成与结构特点

2. 掌握休闲鞋母板制作方法

3. 掌握 W（T）型前套类休闲鞋的鞋面、鞋里及补强等样板制取方法

4. 理解并掌握样板制作中的局部缺角及对位点标定等细节处理方法

教学能力目标： 1. 能根据设计图独立完成 W（T）型前套类休闲鞋全套样板制作

2. 注重以人为本的样板设计，能够根据实际情况对样板进行利于后期制作的细节调整

3. 能根据试板情况对样板进行基础调整

课程思政目标： 1. 融合多维理念，优化样板设计：精准制板，兼顾后续工序，融入人文、环保、高效理念于样板设计中

2. 弘扬国潮文化，增强文化自信：研习国潮鞋潮流趋势，培养对传统文化的兴趣，树立文化自信，成为传统文化传承者

教学方式： 教师通过演示文稿（PPT）图文讲解、实物鞋现场分析、视频观看及现场演示等形式帮助学生学习基础理论知识与相关实践技能，学生在理解的基础上进行讨论与综合练习，最后教师再根据学生的提问及练习中存在的问题逐一分析解答

课前（后）准备： 课前了解本章学习内容安排，提倡学生多查阅当下休闲鞋的流行元素及材料与工艺特点。课后要求学生复习相关内容，完成综合练习，掌握所学理论与技能要点

　　休闲鞋与慢跑鞋是目前企业里运动生活鞋的主要品类，也是消费者日常生活中购买和穿着最多的运动鞋产品。但两者本质功能不同，休闲鞋主要用于日常步行穿着，而跑鞋则是专门针对跑步而设计的。

　　休闲鞋这一鞋类款式，深受各年龄段人群的喜爱，其舒适的脚感和简约的造型深得人们的青睐，各个年龄段人群的鞋柜中几乎都有一双休闲鞋。无论是日常逛街还是上班工作，都是不错的选择，既百搭又舒适。

　　休闲运动鞋最基本的要求是舒适、轻便、个性，设计的特点是复古与新潮相结合，在样式上更加具有扩张性，突出流线与动感。近年来，各大品牌休闲鞋设计推陈出新，在结合新型鞋材的同时，大量运用刺绣元素、旗袍元素、涂鸦元素等丰富休闲的设计，其款式个性、配色鲜明，经常运用撞色，给人青春活力且独特的感觉。

　　从基础结构而言，休闲鞋与跑鞋相似，材料也以革料+网布的居多，另外，还有近年流行的飞织类材料。本章重点从结构出发，以W（T）型前套休闲鞋为例，介绍休闲鞋的结构设计与制板方法。

第一节　W（T）型前套休闲鞋结构图绘制

　　W型和T型前套结构是典型的前套造型，常见于休闲鞋、童鞋、户外鞋的设计中，此两种造型取板方法一致，本节选取W（T）型前套介绍休闲鞋结构图的绘制。

　　成品款式图是反映成品最终效果的线条图，能够清晰地反映出鞋款的部件特征与加工形式，绘制鞋帮结构图可参照款式图进行，以保证以此结构制板所得成品与成品效果图的一致性。在绘制中，根据需要结合三视图进行，以保证结构图绘制的准确性。因此，绘制结构图之前，先对成品款式图进行分析，再着手结构图的绘制。

一、W（T）型前套休闲鞋成品款式图分析

　　分析款式图的过程是深入了解鞋子结构的过程，有助于结构图的绘制，如图3-1所

图3-1　W（T）型前套休闲鞋成品款式图

示，本款鞋头部位是W型的前套造型；侧身设计有曲线造型的大型装饰片，且为双层造型设计；护眼部件设计与侧饰片呼应，由传统U型改为曲线形；织带元素替代部分鞋孔用于穿鞋带；后跟处无传统后套部件，设计为后方饰片，且上面有拉绳装饰。

二、W（T）型前套休闲鞋结构图绘制前的准备

绘制结构图前，先复制一份选定的休闲鞋楦展平折中板（贴楦、展平、折中操作详见第一章第三节），在后弧处加放材料厚度预留量，在底口加放绷帮余量，再根据款式图绘制外框轮廓与内部结构图。

（1）以本款为例，材料为大面网布+部件革料，网布弹力较好、延伸性大，因此，材料厚度预留量可以适当少加，本案例可以上口加放15mm预留量（包括材料厚度与领口海绵厚度），后跟凸点D点以下加放5mm（主要为材料厚度）。若采用全革料，且层数多、材料厚，则厚度预留量适当增加，具体以试板为准。

（2）本案例采用绷帮（攀帮）工艺，需在帮脚加放绷帮余量（网脚量），可采用半网脚，即前开口位置之前加放15mm绷帮量，中、后部分仅留3mm中底厚度，在后期制板时，部件面料样板在底口与母板保持同样的绷帮量，而里样板则前段加放6mm，中、后部位加放15mm绷帮量。

（3）分析款式图可以看出，本款为前开口款式双峰造型休闲鞋，根据第一章第四节内容绘制出适宜外框，同时进行适当母板降跷，使脚山点位于前帮对称线之下，便于后期大面样板取板。之后再根据款式图进行其他帮部件结构图的绘制，同时也可对初步外框进行微调，余量加放与外框绘制结果如图3-2所示。

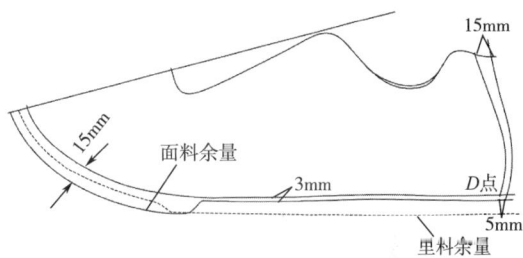

图3-2 余量加放与外框绘制

三、W（T）型前套休闲鞋结构图的设计

对于初学者而言，绘制结构图时要根据三视图进行，以确保结构图与款式效果图一致。第二章介绍了孔位参照法进行其他部件结构绘制的方法，本款可以继续沿用此方法，后期熟练掌握鞋子各部位比例关系后可根据款式图自由设计，没有规定必须从哪个部件开始绘制，只要保证最终母板线条流畅、比例协调、成品试做和试穿通过即可。

本节依然采取由护眼开始辅助定位的方法，便于初学者完成母板结构图的绘制。以37码休闲鞋为例。具体操作如下：首先绘制出护眼部件，定好鞋眼位置，然后对照成品款式图，观察侧饰片（边肚饰片）长度、弧度造型变化与护眼及鞋眼位置的关系。操作时可以在成品图中把所有特征部位（起始点、结束点、凸点、凹点等）点作地面的垂线，观察其与鞋眼位置或相邻部件之间的位置关系，可以辅助初学者把握整体结构比例。同时需要注意底墙轮廓，以免帮面结构线绘制过低，被底墙盖住。结合整体比例关系，对所有结构线进行调整，完成整个母板结构图的绘制工作。

（一）护眼部件结构设计

设计护眼部件不仅可以丰富帮面造型，同时能起到稳定鞋口形状，增强鞋带打孔部位强度的目的。在本案例中，护眼造型与边肚饰片相呼应，为曲线变化的异形设计（非传统U型），前端对称处的宽度设计约12mm，侧边曲线造型最窄处约12mm（第2、第4孔位处），根据款式图在第1、第3、第5孔位处向外画凸起造型，最终以流畅线条绘制出护眼结构线，根据款式图定出孔位，待其他部件绘制完成后可进行调整，初步绘制结果如图3-3所示。

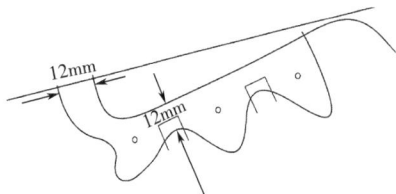

图3-3　休闲鞋护眼部件结构设计

（二）边肚饰片部件结构设计

边肚部位面积较大，边肚饰片设计灵活，造型变化多样，向前可与前套连接，向后可与后套连接，同时还可以与护眼结合，增强打孔处的强度。本案例中边肚饰片曲线造型与护眼呼应，同时结合织带，用于穿鞋带，饰片由双层材料结合而成，具有较好的装饰效果，同时更利于侧身稳定。

观察三视款式图可知，饰片前端长度略超出护眼，后端一直延续到后弧线位置，曲线造型变化与护眼一致，结合底墙边线设计适当的饰片宽度，完成饰片结构图的绘制，初步绘制结果如图3-4所示。

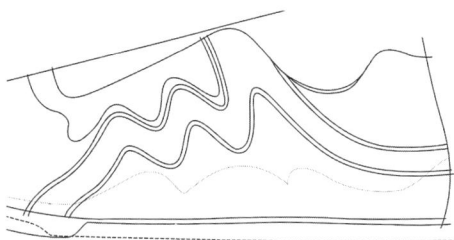

图3-4　休闲鞋边肚饰片结构设计

（三）前套与前饰片结构设计

本款前套为典型的W型前套，此类前套取跷方法与T型前套一致，将其归为一类。在绘制此类前套结构图时需注意以下几点。

（1）需要注意背中线处的宽度为1/2部件宽，且一般越靠近前尖处，部件宽度越会略微加宽，具体可参照俯视款式图进行，待熟练掌握各部件比例后，在实际工作中，一般情况设计师仅提供侧视效果图，具体尺寸需板师根据经验自行设定。

（2）W（T）型前套转弯处不超出鞋楦头厚线，侧面线条一般高于楦体侧面厚度线，若低于楦体厚度线，成鞋前套在视觉上会有向下掉的感觉。

（3）内腰部件线条可在外腰基础上略靠前、靠上2mm左右。

（4）根据款式图中前套部件与边肚饰片与护眼部件的关系，绘制出前套与前饰片的结构图，如图3-5所示。

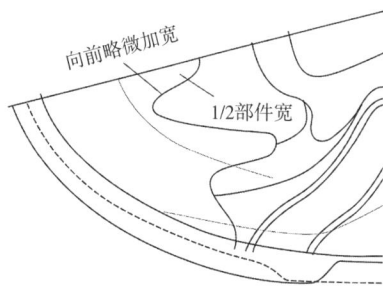

图3-5　休闲鞋前套与前饰片部件结构设计

（四）其他部件结构设计

根据款式图及整体比例绘制出后方饰片、织带、侧身拉绳等小部件，完成整个结构的绘制，最后微调使整体线条流畅、比例协调，同时在母板中做出翻口里及其他部件的起始点与车缝对位点，结构图如图3-6所示。

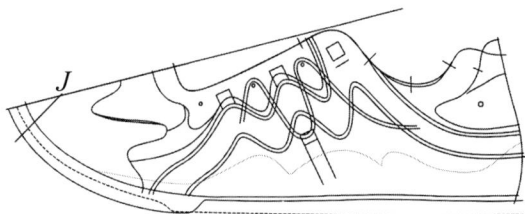

图3-6　休闲鞋结构图绘制结果

第二节　W（T）型前套休闲鞋样板制取

在制取样板时，需要遵守两个原则：第一，总面积相当；第二，接帮线长度不变。总面积相当而非相等，因为在制板时会进行各种取跷处理操作，无法保证面积完全相等，加之材料都具有一定的弹性，只要总面积基本不变（相当），成型时一般都可以伏楦。接帮线长度要保持不变，因为接帮线一边是要与其他部件进行结合，如果其长度发生变化，会导致接帮时因长度不对等而出现不平整的现象。

取板之前先将结构图转换为划线板（母板）。母板是制取后续所有样板的依据，因此务必精准，以求降低误差。这里推荐扎锥增宽法，即用刻刀沿所绘制的结构线割开，再用扎锥沿割线进行增宽的方式（宽度保证铅笔尖可以画线即可）。相比刻槽，扎锥增宽不仅可以降低误差，同时也适合运动鞋部件多的特征。如本案例中，边肚饰片为双层设计，刻槽很难完成母板的制作。

为了最大程度保证后期所取样板的曲线造型与原始结构图一致，在刻刀割线之前对结构图进行整体规划，即在所有部件弧线凸、凹位置等特征部位不停刀，中间停刀位置应在弧度变化平缓的位置。可以预先用铅笔在所有可以停顿的位置做上标记（如在平缓部位打"‖"符号），再起刀刻线，避免中途刻画失误。这样在后期取板时，可以基本将原始曲线造型复制在所取样板上，停刀部位前后顺滑连接，完成的母板如图3-7所示。

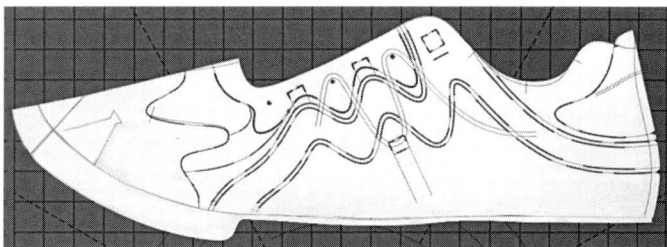

图3-7　休闲鞋划线板制备

一、前套部件及前港宝（头衬）样板的制取

（一）W（T）型前套（视频3-1）

视频 3-1
T（W）型前套取跷
（两种方法）

在上一步绘制W（T）型前套时，为了保证前套部件在对称位置呈光顺弧线，前套起始一段与前帮背中线垂直。取板时，若直接以前帮背中线为对称线，则对称部位平滑光顺，但没有达到取跷目的，前尖部位多出楦头厚自然跷的30°对应的面积，因此，不能直接以前帮背中线进行对称取板，需要将楦头厚自然跷的30°对应的面积处理掉。在此，介绍两种W（T）型前套取跷方法。

1. 旋转法

旋转法是样板制作常用的方法，适用于多种部件取跷，在旋转操作之前需要以母板为依据，复制出前套部件轮廓，注意底口绷帮量与母板一致。在弯点附近每隔5mm左右设定3个旋转点O_1、O_2、O_3，如图3-8所示。

旋转点设定在弯点附近而不在弯点处，可以最大程度保留弯弧的原始状态。此外，旋转点数量取决于需要旋转的量，旋转量较小时，可选取1~2个旋转点，分1~2次旋转即可。

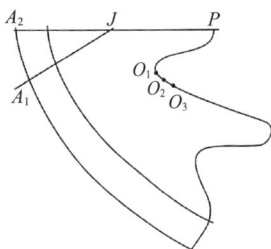

图 3-8　W（T）型前套母板复制与旋转点选取

取跷的目的是将鞋头部位约30°楦头厚部分面积去掉，操作过程如下。

（1）画样板对称线。

（2）将复制的前套背中线对齐样板对称线，并用笔描出PO_1一段，如图3-9（a）所示。

（3）以O_1为旋转中心，顺时针旋转样板，使得A_1靠近样板对称线1/3距离（可将A_1点至对称线间大致分为3份，每次旋转上升1/3），同时画出O_1O_2中间一小段5mm距离，如图3-9（b）所示。

（4）以O_2为旋转中心，再次顺时针旋转样板，使得A_1再靠近样板对称线1/3距离，画出O_2O_3之间5mm一段，最后以O_3为旋转中心，使A_1位于对称线上，再描出剩下所有轮廓，如图3-9（c）所示。

（5）经旋转操作后，前套长度缩减，最后需要补足长度，使得取跷后的前套长度为$PJ+JA_1$，并修顺底口，如图3-9（d）所示。对称后得到制得前套样板，经分析无须加放其他加工余量，制板结果如图3-10所示。

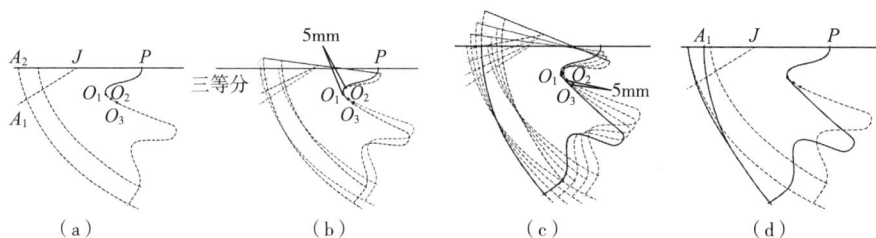

|（a）|（b）|（c）|（d）|

图 3-9　W（T）型前套取跷过程

2. 剪切法（等面积法）

剪切法也可称为"等面积法"，手工取板操作更加直观，但旋转法应用更加广泛，适用于电脑制板。剪切法操作过程如下。

（1）过样板弯点处画一条直线与背中线平行，再量取∠B=∠A，则阴影处面积基本相当，如图3-11（a）所示。

（2）用刻刀刻去∠B部分，即将楦头厚度自然跷处多出的面积从此处去掉，如图3-11（b）所示。

（3）弯点处不动，将下段样板与上段拼合，并修顺底口，完成取跷过程，如图3-11（c）、图3-11（d）所示，对称割下完成W（T）型前套的制板。

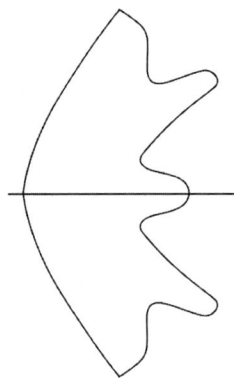

图 3-10 W（T）型前套制板结果

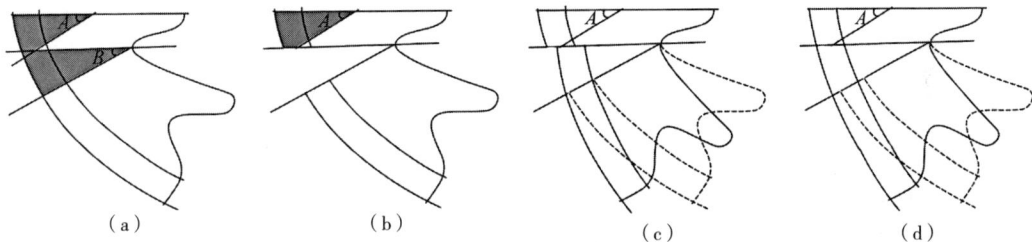

| （a） | （b） | （c） | （d） |

图 3-11 W（T）型前套剪切法取板

总结：旋转取板法应用更加广泛，旋转点应避开最弯处，以最大程度保证样板弯弧处的精确性。旋转之前先画出转点之前的部分轮廓（接帮线的一部分），接着重复旋转动作，再继续描画剩余轮廓，因此，整个过程中接帮线长度不变，通过旋转去除楦头厚部分面积，完成取跷操作。

剪切法（等面积法）在手工制板时操作更加直观，将位于对称线处的楦头厚面积由弯点处通过等角去掉，两处面积基本相当，同时，接帮线长度未发生变化，最后将底口修顺完成取板，满足取跷原则。

（二）前港宝（头衬）

前港宝是鞋头部位的定型与补强部件，常采用热熔胶片或定型布，成型后具有一定硬度，不仅可以稳定鞋头造型，还具有保护脚趾的作用。

前港宝部件在取板时可以以取跷后的前套为依据，将前套底口一边收进12mm，即港宝仅留3mm的中底厚度量，前套车线一边收进5~7mm，避免被车缝，由于港宝材料成型后具有一定硬度，因此前港宝长度应控制在跖围线之前，否则会影响脚的弯折，影响穿着舒适性，一般单侧长度取70~80mm。

港宝属于补强辅料，制板没有固定数据，取板时其造型也不一定与前套完全一致，能够起到定型作用且不影响穿着舒适性即可，本案例中前港宝制板可参照图3-12进行。

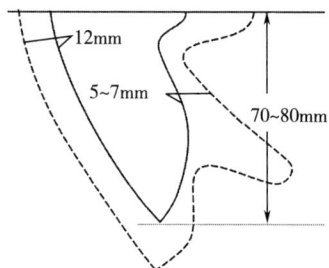

图 3-12　休闲鞋前港宝
（头衬）制板

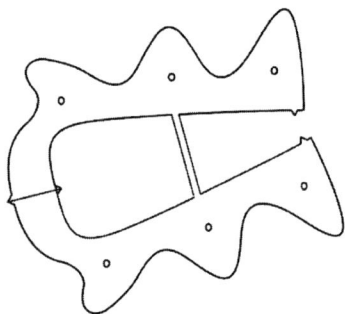

图 3-13　休闲鞋护眼部件
样板制取

二、护眼部位样板的制取

本款护眼设计为曲线样式的异形设计，但其取板方法与第二章U型护眼相同。护眼部位需要打孔穿鞋带，为了增加打孔处的强度及稳定鞋口造型，护眼处一般会设计补强部件，以三合一网布为大面，此处补强件通常有两个，一是护眼长纤，二是护眼PU。

（一）护眼

在本案例中，母板进行了一定降跷处理，脚山位于前帮对称线之下，因此，不论护眼是何种造型，都可以直接以前帮背中线进行对称取板。

分析款式图可以看到，本款护眼位于其他部件之上，无须加放加工余量，以背中线对称取板，之后在样板上做出中间位置标记、翻口里起针标记等，标记采用小三角形，可以是外凸形（电脑制板常见），也可以为内凹形（手工制板常见），中间保留一小段不要割开，可以使手工划料更加方便，样板不易发生形变，护眼样板制取结果如图 3-13 所示。

（二）护眼补强（PU+长纤）

由于护眼部位需要打孔穿鞋带，属于经常受力的部位，为了防止穿着过程中由于鞋带收紧而发生形变，一般会在此部位添加补强部件。补强属于辅料，成品鞋中无法直接看到补强材料，因此对于制板精度要求不高，制板没有固定参数，本案例可参照如下方法进行。

护眼PU：护眼PU一般放置于鞋口位置的最里侧与脚直接接触的一面，通过车缝固定，取板时以母板为依据，上口取鞋口造型，宽度取 15~18mm。可取单片，不必对称，更利于套画，可节约材料。

护眼长纤：护眼长纤一般粘贴于护眼位置，结合护眼PU增强鞋口稳定性，无须车缝，取板时以护眼PU为依据，从宽度方向向内缩进 2~3mm，主要对打孔部位进行补强，长度包含孔位即可。

护眼补强制板方法如图 3-14 所示。

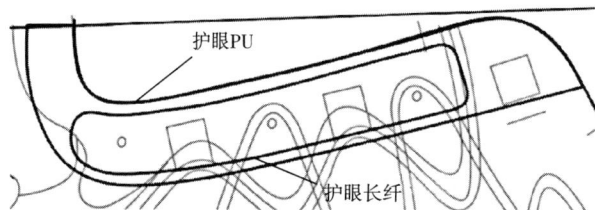

图 3-14　休闲鞋护眼补强样板制取

（三）护眼饰片（前饰片）

鞋身上的装饰片没有固定名称，可根据位置自行命名，取板时无须进行跷度处理，但要分析与其他部件之间的搭接关系，加放对应加工余量。

本案例中护眼饰片被前套及护眼部件所盖，被盖量加放7~8mm（不同款式可根据实际情况处理），被盖位置需要刻槽予以标记，具体取板可参照图3-15进行。

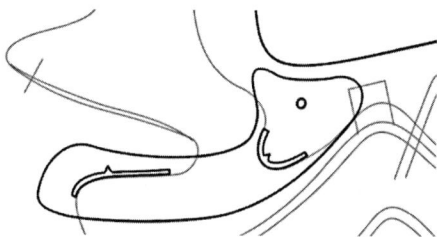

图 3-15　休闲鞋护眼饰片样板制取

三、边肚饰片样板的制取

边肚饰片在设计方面可以美化成鞋外观，在功能方面可以稳定侧身，在结构方面可以遮盖鞋身断帮线。在本案例中，边肚饰片为双层设计，取板时要分别取板，均无须对称，在后弧处拼缝处理。

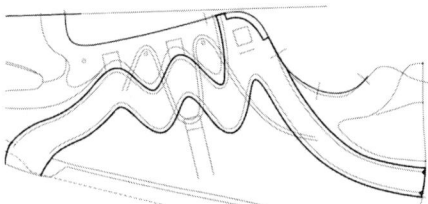

图 3-16　休闲鞋边肚饰片（下）样板制取

下层饰片上需刻槽标记出上层饰片位置，起针处以小三角缺口标记，以便于后期车缝。另外，为了避免车翻口里时局部过厚，可在下层饰片脚山处做缺省处理，下层饰片制板如图3-16所示。

上层饰片上需要标记出万能车线位置与后方小织带位置，上层饰片制板如图3-17所示。

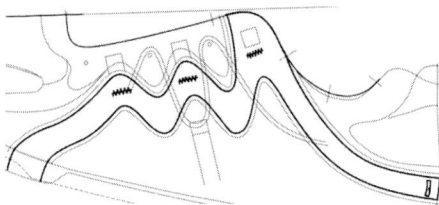

图 3-17　休闲鞋边肚饰片（上）样板制取

四、后方饰片与补强样板的制取

本款休闲鞋在后方位置没有设计传统后套部件，而是在后帮靠上位置设计后方饰片，在后方饰片上可以进行印花或电绣装饰设计。该饰片位于后弧线处，取板时需要对称处理，以该部件上下端点连线为对称线（一般后弧处的部件上下端点连线与后弧线之间间距在2mm以内，可以以连线对称，无须取跷处理），对称制取样板，同时在样板上标记出车线停止位置点及穿绳位置。

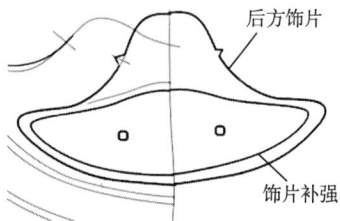

图 3-18　休闲鞋后方饰片制板示意图

在饰片下方设计补强部件，补强部件在饰片车线处向内缩进3mm左右，饰片及补强制板结果如图3-18所示。

五、翻口里（后里布）样板的制取（视频3-2）

多数休闲鞋在后领口部位会设计翻口里部件。翻口里基本上会附合海绵，车缝时与帮面进行反接，喷胶后粘贴后港宝与领口泡棉，翻折到后帮内里部位。

在造型方面，由于翻口里部件材料柔软，弹力较大，与相对较硬的帮面反车、翻折后，会在帮面留下一条翻口里布料的色彩条，起到一定装饰作用；在舒适性方面，附合海绵的翻口里可以保证休闲鞋在领口部位不会磨脚、卡脚，提高穿着舒适性。

不同板师在取翻口里部件时的方法略有区别，同第二章，这里介绍目前企业里主流的一种翻口里取板方法，取板要点如下。

（1）确定翻口里的位置线。一般上端在脚山位置向前 20~25mm 处（本款已在母板中标出），下端在脚山正下方附近。

（2）确定翻口里的对折线。由于翻口里材料弹力较大，且位于鞋子的最内侧，为了保证成品鞋内里无皱，样板对折线的选取要从后弧线处进行缩减，一般上端向内缩 3~5mm，下端缩 8~10mm，需要根据材料弹力及试板情况予以调整。

（3）足踝位置消皱处理。低帮鞋的足踝部位为凹弧，在翻折后容易出现褶皱，因此要在足踝位置进行消皱处理。在足踝最低位置处取一条直线，以直线为中心，向左、右各取约 2mm（总宽度 3.5~4mm），与直线下端连接，形成一个三角形区域，手工取板时，将此三角形区域用刻刀去掉，翻口里左右两部分用美纹纸在背后拼接起来，完成足踝位置的消皱处理。

（4）为了使翻口里与帮面针车后贴合紧密，从翻口里上端位置线处向下降 2mm 左右顺连至脚山位置。

（5）翻口里与帮面进行反接但不用加反接量，需要在底口加上反车、翻折的损失量。底口总余量在 23mm 左右（绷帮工艺）。

（6）最后依母板将对位点标记于领口对应位置，割下样板时在对位点处留一小三角，用于对位。

翻口里制板参考数据如图 3-19 所示，制板结果如图 3-20 所示，可依据母板做出内外腰区别。

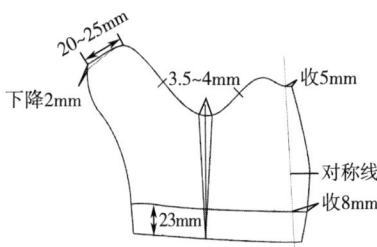

图 3-19　休闲鞋翻口里制板过程

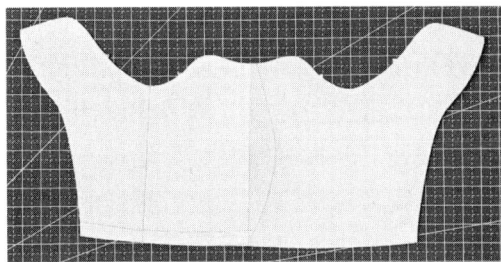

图 3-20　休闲鞋翻口里制板结果

六、领口补强样板的制取

当鞋大面采用三合一网布制作时，为了保证脱楦后成品鞋领口部位的造型稳定性，一般会在领口部位设计补强件。补强材料通过胶粘形式与鞋大面结合，样板设计没有统一要求，通常为两片式，省去取跷处理，同时利于节约材料（可不做内外腰区别处理）。制板时在后跟下端做缺口处理，避免起皱和局部过厚。本案例领口补强设计如图 3-21 所示。

七、领口海绵与后港宝样板的制取

后港宝主要用于稳定鞋子后身，防止运动过程中过度内翻、外翻，多采用热熔胶制成，通常比前港宝更厚、更硬。为了防止后港宝上端磨脚、卡脚，一般会用领口海绵遮住港宝上口，因此，后港宝和领口海绵样板通常一起制作。其制作要点如下。

图 3-21　休闲鞋领口补强制板

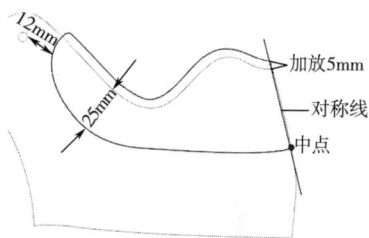

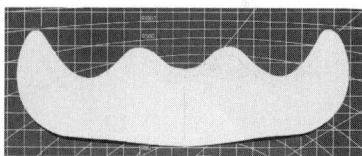

（一）领口海绵

取后帮高的中点，作为领口海绵后端宽度点，海绵前端宽度女款 37 码取 25mm 左右，男款 41 码取 30mm 左右，海绵长度位置可取在最后一个鞋眼后 12~15mm 位置，为了达到领口部位饱满及确保对脚的防护性，在上口位置加 4~6mm 的翻折量，以顺滑弧线画出海绵造型。最后连接海绵上下端点连线作为对称线，完成海绵部件的取板，如图 3-22 所示。

（二）后港宝

为了港宝不会磨脚、卡脚，取板时使港宝与海绵有 12~15mm 的重叠量，即从中点向上 12~15mm 定港宝高度位置，底口位置港宝长度取 80~90mm，以顺畅弧线连接高度点至长度点，画出港宝造型。

接着将港宝高度三等分，以上面两段的上下端点连线作为港宝对称线，最后一段进行开衩处理，完成港宝的制板，如图 3-23 所示。

图 3-22　休闲鞋领口海绵制板

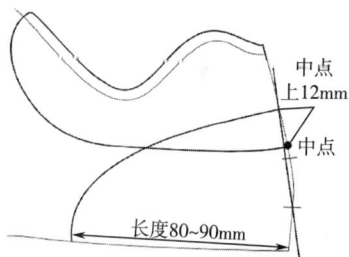

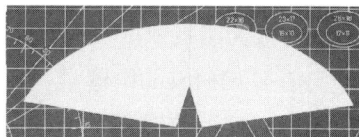

八、织带及拉绳样板的制取

织带与拉绳是近几年服饰品中的常用元素，有较好的装饰作用，将其设计在适当位置还能起到功能性作用，如本案例中的织带可以用于穿鞋带，拉绳可以辅助穿鞋。

图 3-23　休闲鞋后港宝制板

在制板时，需要根据设计图确定其宽度，然后由对应厂商成卷制作，在使用时根据样板裁下对应长度。织带、拉绳的宽度一般经试板后可以确定，这里重点讲长度的确定方式。

（一）织带

本案例中织带宽度约为 6mm，织带长度取决于露在鞋面的长度与被盖的长度。由于织

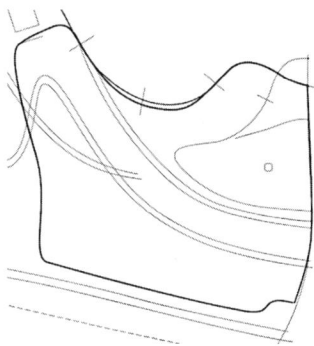

带是对折后被其他部件盖住车缝，为避免局部过厚，尽量让织带对折后被盖的长度错开，如一边被盖量留6mm，另一边被盖量留10mm。如图3-24所示，为前护眼织带的取板示意图，在织带样板上刻槽标记出对折位置与被盖位置。以前护眼织带取板为例，制取其他地方的织带样板。

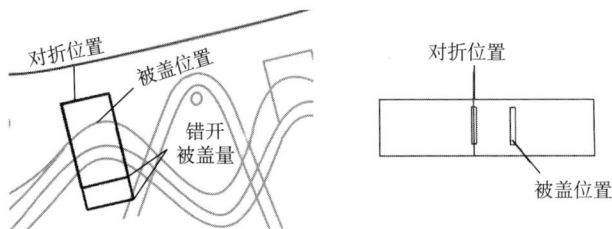

图 3-24　休闲鞋前护眼织带制板

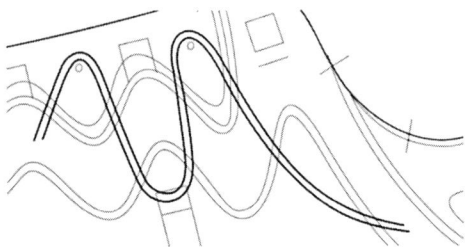

图 3-25　休闲鞋前护眼拉绳制板

（二）拉绳

本案例中拉绳有两处，一处在侧身，主要起装饰作用，另外一处在后方饰片位置，可以作为提带辅助穿鞋，制板时确定拉绳的长度即可。

以侧身拉绳为例，如图3-25所示，拉绳以曲线形式装饰在侧身。电脑制板时可以通过测量工具直接确定拉绳长度；手工取板时，曲线长度不便测量，可以直接拿出一段拉绳，比在母板上，确定拉绳长度，两头加放被盖量即可。

九、鞋舌样板的制取

前开口式休闲鞋鞋舌的制板方法一致，主要取决于前开口的长度与开口宽度，样板分为舌面样板、舌里样板及舌棉样板，其中舌面样板是制板基础。

（一）舌面样板

以母板为制板依据，画出鞋口部分轮廓，确定鞋舌长度。鞋舌前端点为开口点（口门点）向前加12~15mm绱缝量，后端点为脚山点向后加25mm左右护口量，此为鞋舌面样板基本长度；鞋舌前端宽度为开口宽度加15mm左右，以保证鞋舌能够遮挡鞋眼孔，鞋舌后端宽度以人脚穿着后鞋舌依然可以完全遮挡开口量为宜，一般女款37码取50~55mm，男款41码取55~60mm；为了鞋舌造型美观，取样板总长中点再向后约10mm，由此点再向下4mm定一点，将此点顺连至后端宽度位置，最后以光滑曲线画出鞋舌面样轮廓，以前帮背中线进行对称，具体制板操作如图3-26所示。若舌面上设计有装饰部件或织带，则需要在样板上刻槽标出其位置，如图3-29所示。

（二）舌里样板

鞋舌里样板的制取以舌面样板为依据，先在卡纸上画一条直线作为舌里样板的对称线，接着拿出舌面样板，对折后将舌面样板前端点对齐对称线，后端点较对称线提高1.5~2mm，画出舌面样板其余轮廓线，这样使得舌里样板窄于舌面样板，车缝后舌里样板会拉着舌面样板略微向下弯曲，更加贴合人体脚背弧度。前端位置，舌里样板在舌面样板基础上加放10mm，制板方法如图3-27所示。

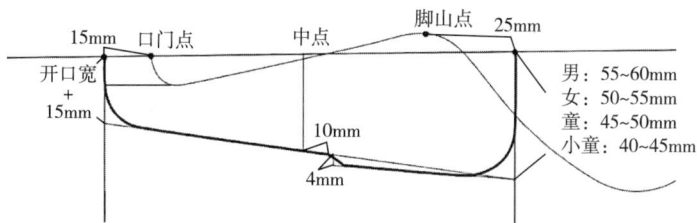

图 3-26　休闲鞋舌面样板制板方法

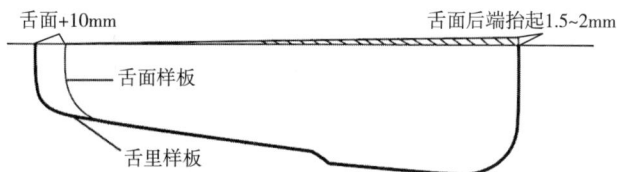

图 3-27　休闲鞋舌里样板制板方法

（三）舌棉样板

鞋舌棉样板也是以鞋舌面样板为制板依据。首先画一条直线作为舌棉样板的对称线，接着拿出对折的舌面样板对齐对称线，画出舌面样板外轮廓，标记出前开口点位置，取前开口点向后5mm为舌棉样板前端位置点，以便后期鞋舌与鞋体的车缝操作，再将舌面前段宽度缩进4mm左右，方便后期舌面、舌里车缝，后段与舌面同宽，鞋口位置较鞋舌面样加放5mm左右，以保证鞋舌成品在上口比较饱满，制板方法如图3-28所示。

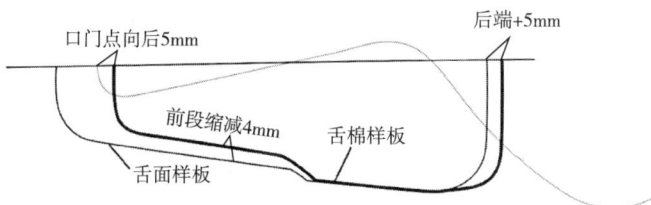

图 3-28　休闲鞋舌棉样板制板方法

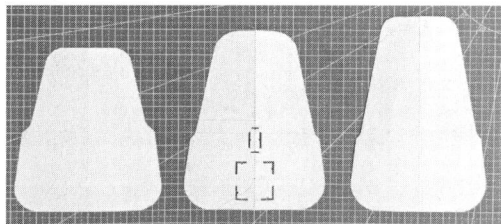

图 3-29　休闲鞋鞋舌样板制板结果

十、鞋身（大面）样板的制取

本案例中，大面可以采用三合一网布或皮革进行制作。采用网布制作时，一般会对母板进行适当降跷，做成整鞋身样板（本案例母板已进行降跷处理）；若大面采用皮料制作，特别是真皮制作时，会对鞋身进行断帮处理，以便于套画，利于节约材料成本，断帮线设计于装饰部件下方。本案例采用整鞋身做法，其制板要点如下。

（1）确定部件轮廓。以母板为基础，画出整个外部轮廓，底口留3mm中底厚度量，前开口位置处向内缩进2~3mm（以免网布边沿外露），翻口里起针处保留一小段，以便与翻口里车缝对位。

（2）后弧余量处理。后弧处上端有一段未被部件遮挡，此处大面板需加放5mm反接量，其余部分不加量，进行拼缝。

（3）楦头厚跷度处理。鞋头处需做出楦头厚跷度，以前帮对称线为基线，以J点为圆心，楦头厚角约为30°，再做一小三角缺口以免拼缝后出现尖角。此处楦头厚跷度处理位置也可以在对称线上下各取一个，做法同第二章鞋身样板制取。

（4）帮部件对位线处理。以母板为基础，在鞋身样板上以刻槽形式定出帮部件的缉缝位置（注意刻槽方向），可参考第二章案例鞋身板的制作。本案例中边肚饰片为双层，下层饰片与鞋身缉缝，则仅需在鞋身板上刻出下层饰片的车缝位槽，在下层饰片上刻出上层饰片的车缝位槽。

至此，鞋身样板制作基本完成，最后需依母板在领口位置做出翻口里车缝对位标记。手工取板时通常为向内小三角缺口，电脑制板为向外凸出三角，制板结果如图3-30所示。

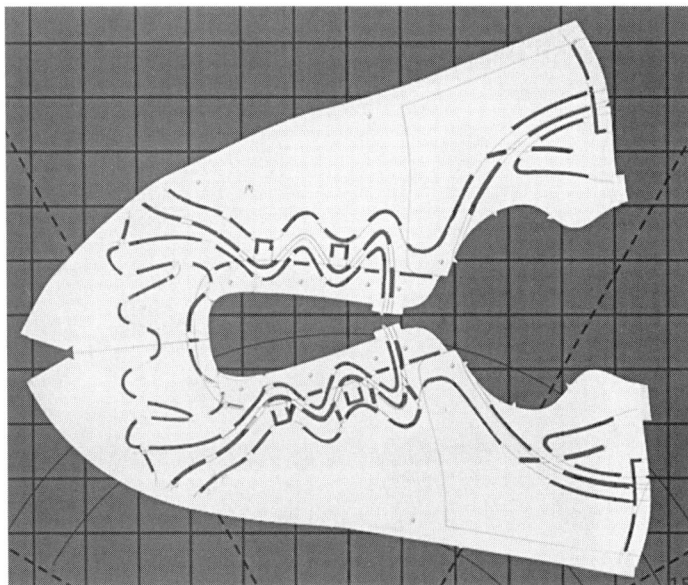

图3-30　休闲鞋鞋身（大面）样板制板结果

十一、内里（头里）样板制取

在本案例中，若大面采用三合一网进行制作，本可以省去鞋里部件，但如果帮面绲缝部件较多，在网布内侧缝线较多，会影响产品外观，同时，过多缝线与脚背接触时会影响穿着舒适性，因此，可根据试穿情况决定是否增加内里部件。本案例母板已进行降跷处理，内里制作成整块大内里，制板要点如下：

（1）以母板为制板依据，画出整个外轮廓，在鞋口位置加2mm左右修边量，加至翻口里部位停止。

（2）后弧部位可以缩减2mm，利于内里平整。

（3）前尖位置，在30°楦头厚自然跷基础上加2mm作为自然跷处理量，同时做三角小缺口，避免拼接后鼓起尖角。

（4）底口绷帮量前帮部位取7mm左右，与鞋面绷帮量留15mm左右的重叠量，后帮绷帮量取15mm。如图3-31所示，为内里制板示意图，对称割下，做出内外腰区别即为内里样板。

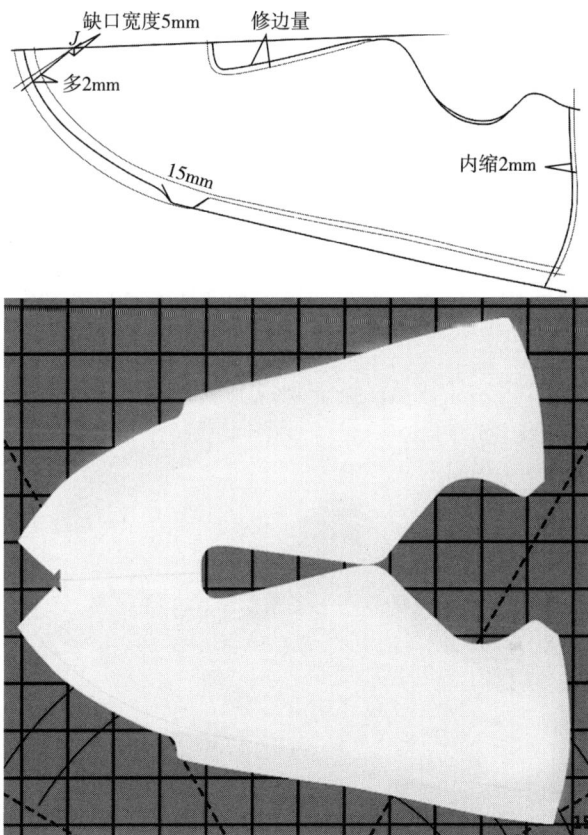

图 3-31　休闲鞋内里制板

本章小结与综合练习

本章小结

重点：掌握W（T）型前套结构图的绘制方法；
掌握W（T）型前套休闲鞋中的取跷技术；
理解并掌握常见休闲鞋中补强样板的制取方法；
理解并掌握鞋身（大面）的不同制板方法。

难点：理解并掌握W（T）型前套的取跷方法；
注重以人为本的舒适性样板设计；
能够根据基本款举一反三，掌握W（T）型前套类的结构设计与制板技术。

综合练习

实训目的：通过开板实训练习，掌握常见W（T）型前套休闲鞋的结构设计与样板制作。主要掌握的知识及技能要点如下。

1. W（T）型前套结构图的绘制技巧；

2. W（T）型前套休闲鞋的取跷技术；

3. 休闲鞋常用补强样板的制取方法；

4. 鞋口内缩等制板中的细节处理；

5. 能够根据基本款举一反三，掌握W（T）型前套类的结构设计制板技术。

实训要求：能够根据成品实物、照片或款式图完成结构图绘制与结构设计，并根据工艺要求制作全套样板。

实训内容：以本章案例为基础，根据下列成品款式图（图3-32~图3-39）或自己的原创设计图，完成对应的结构设计与全套样板制作。

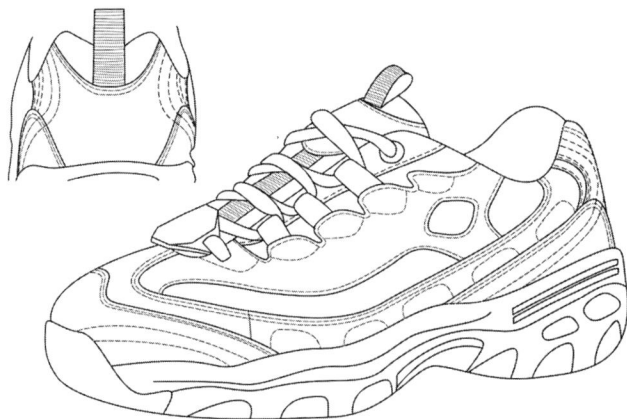

图3-32　W（T）型前套休闲鞋练习款式图1

图 3-33　W（T）型前套休闲鞋练习款式图 2

图 3-34　W（T）型前套休闲鞋练习款式图 3

图 3-35　W（T）型前套休闲鞋练习款式图 4

图 3-36　W（T）型前套休闲鞋练习款式图 5

图 3-37　W（T）型前套休闲鞋练习款式图 6

图 3-38　W（T）型前套休闲鞋练习款式图 7　　　图 3-39　W（T）型前套休闲鞋练习款式图 8

学生开板作品案例：

案例一：练习款式图1（图3-40）

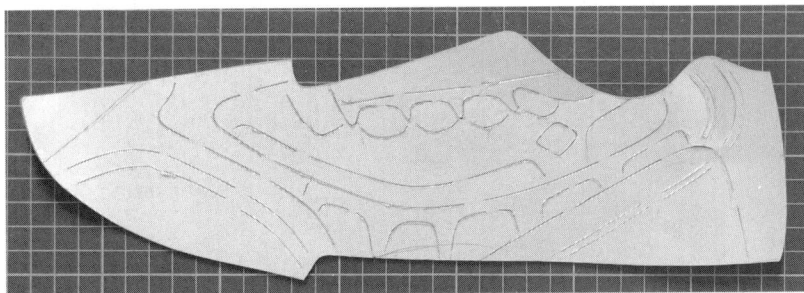

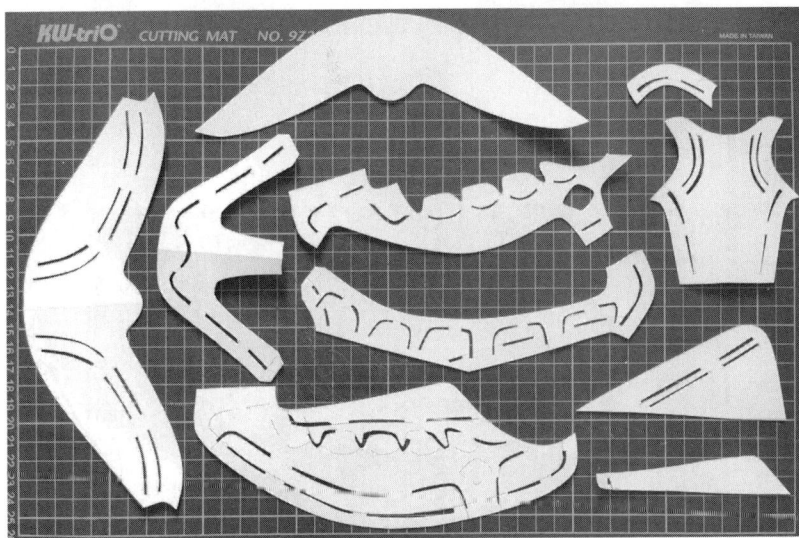

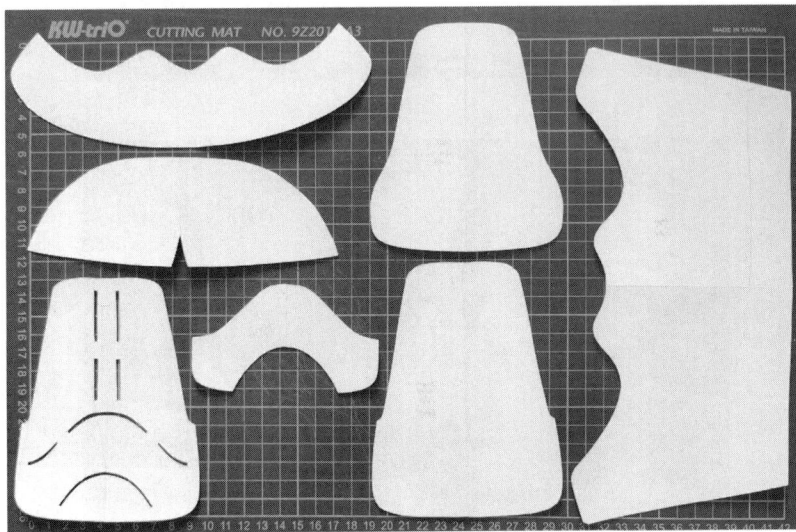

图3-40

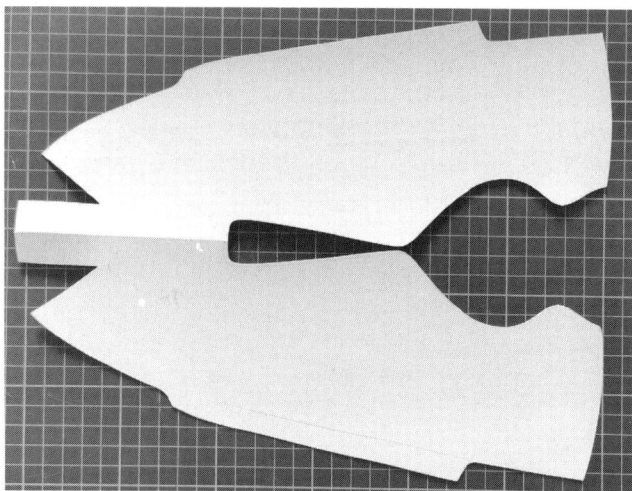

图 3-40　W（T）型前套休闲鞋学生练习作品 1

案例二：练习款式图 4（图 3-41）

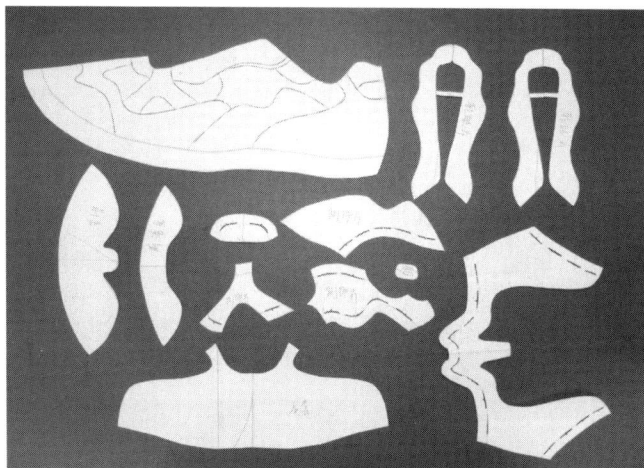

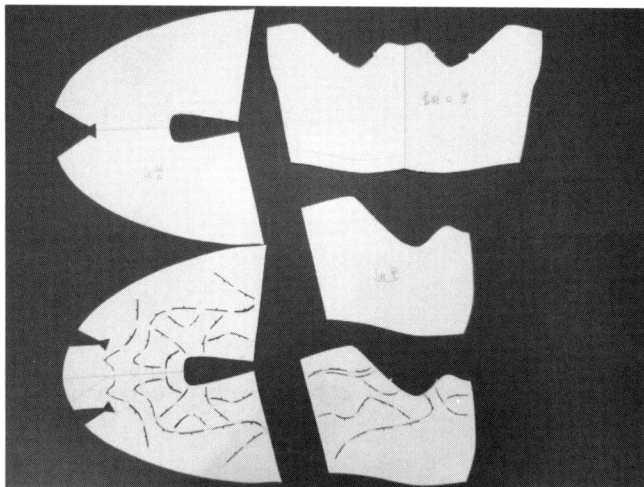

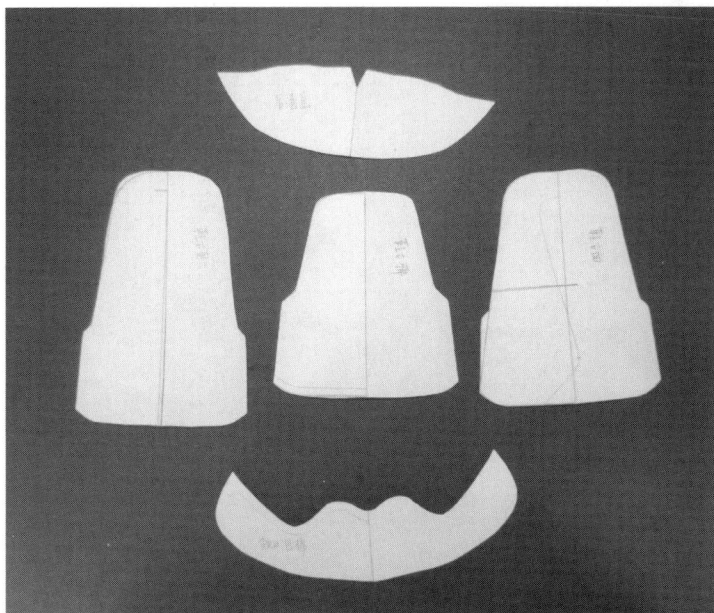

图 3-41　W（T）型前套休闲鞋学生练习作品 2

案例三：练习款式图 5（图 3-42）

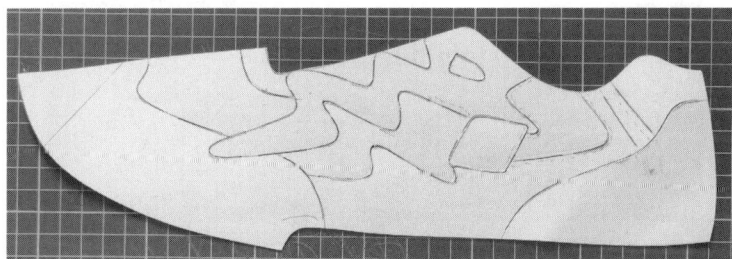

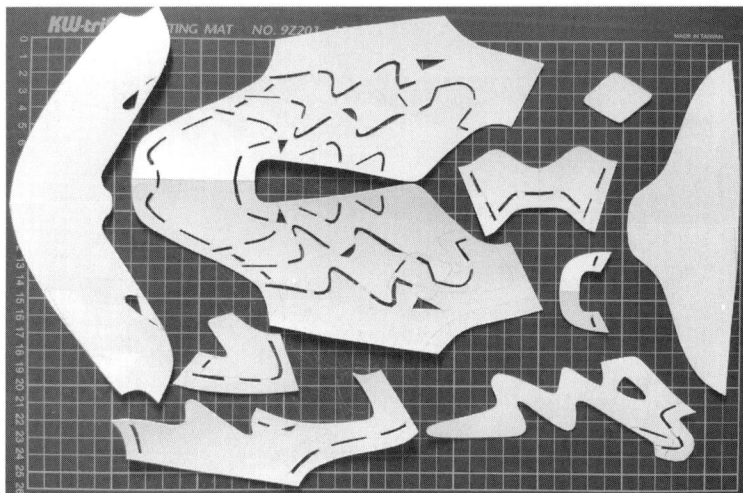

图 3-42

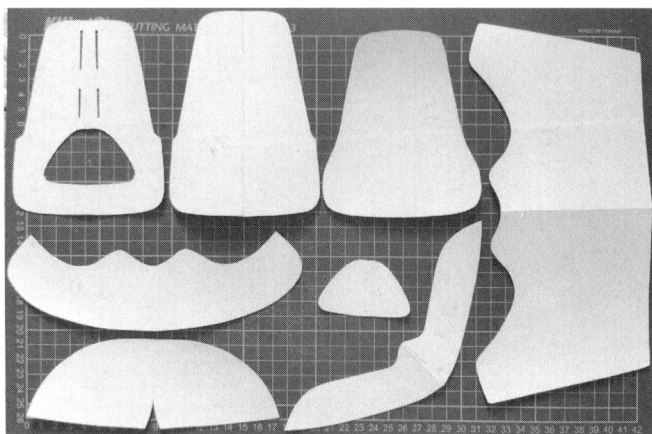

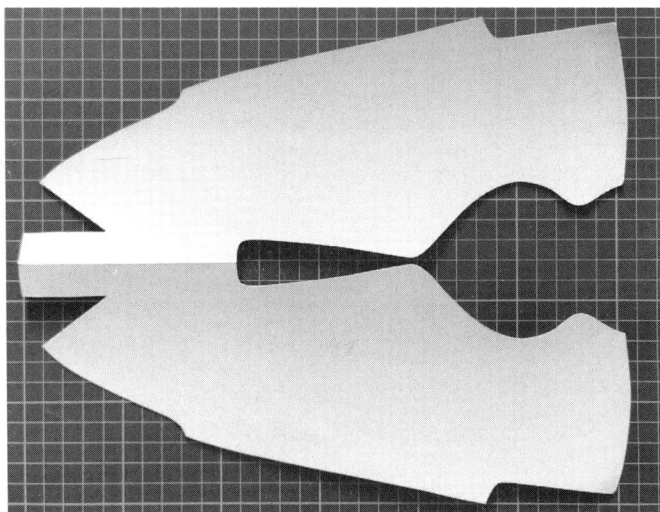

图 3-42　W（T）型前套休闲鞋学生练习作品 3

案例四：练习款式图 6（图 3-43）

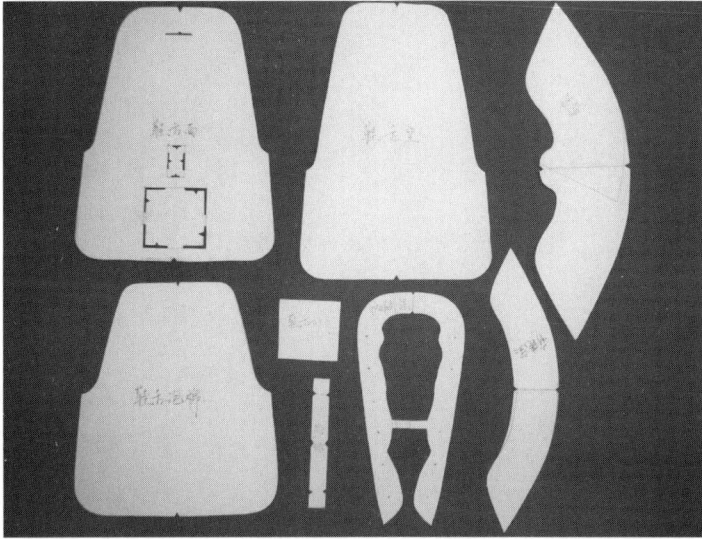

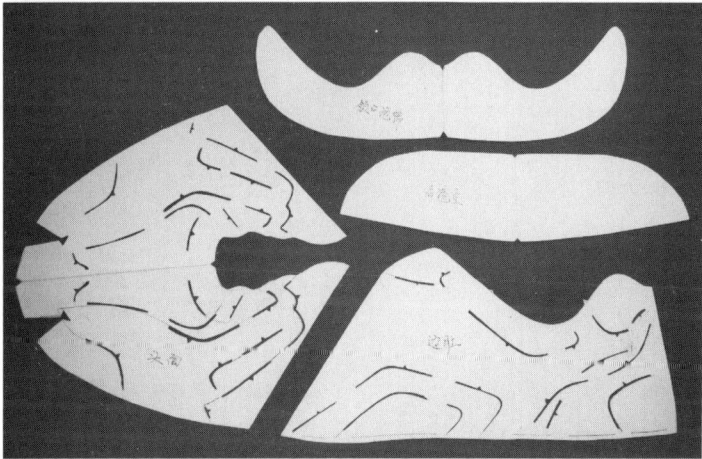

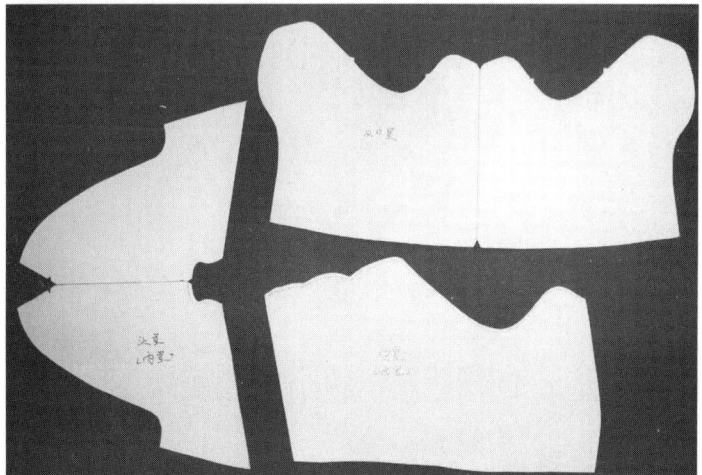

图 3-43　W（T）型前套休闲鞋学生练习作品 4

第四章

素头外耳式板鞋
结构设计与制板

课题名称： 素头外耳式板鞋结构设计与制板

课题内容： 1. 侧面板降跷原理与方法

2. 素头外耳式板鞋结构图绘制

3. 素头外耳式板鞋样板制取

4. 本章小结与综合练习

课题时间： 16 课时

教学知识目标： 1. 理解并掌握素头外耳式板鞋结构组成与结构特点

2. 掌握素头款式的旋转降跷及直接降跷原理与方法

3. 掌握外耳式板鞋母板的制作方法

4. 掌握外耳式板鞋的鞋面、鞋里及补强等样板制取方法

教学能力目标： 1. 能根据外耳式板鞋设计图，完成全套样板制作

2. 能根据款式需求进行边里打剪口、部件局部内缩等制板细节处理

课程思政目标： 1. 强化实践中的服务意识与效率观念：样板设计需兼顾美观、穿着需求及制作

效率，优化设计、提升舒适性并简化工序，提升效率与美观性

2. 以人为本重舒适：边里剪口深化以人为本的理念，注重舒适性，提升用户体验

教学方式： 教师通过演示文稿（PPT）图文讲解、实物鞋现场分析、视频观摩及现场演示等形

式帮助学生学习基础理论知识与相关实践技能，学生在理解的基础上进行讨论与综

合练习，最后教师再根据学生的提问及练习中存在的问题逐一分析解答

课前（后）准备： 课前了解本章学习内容安排，提倡学生多查阅当下板鞋流行趋势及材料与工

艺特点。课后要求学生复习相关内容，完成综合练习，掌握所学理论与技能

要点

素头外耳式（双羽式）是低帮板鞋中最常见的一种结构类型，帮面设计简洁，一般会在护眼部位设计独立护眼部件用于装饰及加强鞋孔处强度，侧身常以电雕孔位与电绣为装饰，后帮多采用单峰式造型，当下各品牌比较流行的小白鞋大多为此种结构。

第一节 侧面板降跷原理与方法

在运动鞋制板操作过程中，存在两种跷度需要处理，一种是自然跷，另一种是工艺跷。所谓自然跷是指楦面在展平或者展平面被还原过程中在马鞍形曲面位置出现的空间跷度角。而工艺跷是为了解决局部伏楦的问题，制板中一些部件需要做对称处理，而直接对称会出现面积放大（多在楦头部位）或者缺角（多在脚山处）等现象，这时就需要对部件进行工艺跷处理。

不同鞋楦、不同鞋款自然跷度不同。多数运动鞋为保证强度，所用材料较厚，且层数较多，在结构方面以前开口式带有附着泡棉鞋舌的款式居多。另外，为了配合量产，鞋大面（鞋身样板）、鞋里、鞋眼片部件通常为里外踝基本对称的结构。因此，多数前开口式运动鞋为了便于加工与成型需要适当降低自然跷，以便鞋身板、护眼等样板可以直接对称处理。若前帮为无前套分割的一片式素头结构（本章案例），后期样板对称时不便于进行工艺跷处理，则必须增加自然跷的降跷量以便后期的成型与消皱。

对于部件工艺跷的处理，本书会在不同案例中进行分析，本节重点分析自然跷的降跷处理情形与方法。这里总结两种降跷方法，一是旋转降跷法；二是直接降跷法。

一、旋转降跷法

旋转降跷即通过旋转操作达到降跷的目的，具体操作为：准备好卡纸及事先做好的折中板，在卡纸上画一条直线作为样板对称线，将折中板的 V_0、J 点对齐对称线，画出其前半段的底口轮廓，即距围线之前的轮廓，如图 4-1 所示（实线为画出部分）。接着确定旋转降跷量，有前套部件的、后期可以做工艺跷处理的，可进行少量降跷；素头款式的（本案例）、后期部件不便于做工艺跷处理的，则进行较多降跷。

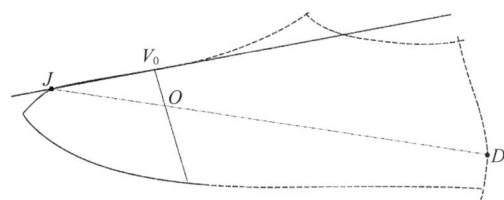

图 4-1 画前半段外轮廓

（一）有前套部件的旋转降跷

对于设计有前套部件可进行工艺跷处理的，可以适当少量降跷，跷量为 5~8mm，使得脚山点位于前帮对称线下方，后期脚山位置里外踝不会重叠即可，鞋身板、护眼、内里可以直接对称取板。操作方法为：按住 O 点顺时针旋转，使后身下降，使脚山点位于背中线下，如图4-2所示。接着描出跖围线后面的外轮廓，与之前描出的前半段修顺，完成降跷处理，使得后期脚山部位的样板可以直接对称取板，如图4-3所示。

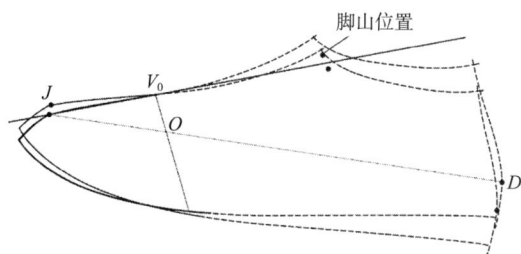

图 4-2　有前套部件旋转降跷过程　　　　图 4-3　有前套部件旋转降跷结果

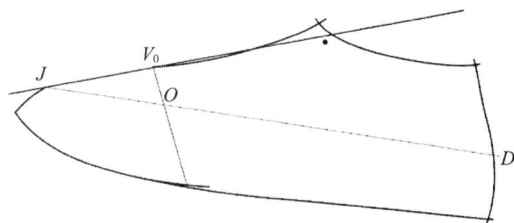

（二）素头款式的旋转降跷（视频4-1）

素头款式由于鞋头部件在以背中线对称时无法处理工艺跷，因此，在自然跷降跷时需进行大量降跷，以减少成型时楦头处的褶皱。同上，先将折中板的V_0、J点对齐对称线，画出前半部位外轮廓，再以O点进行顺时针旋转，使楦体前尖A点位于对称线附近（根据材料弹力进行调整），降跷量大约18mm（37码），如图4-4所示。接着描出跖围线后面的外轮廓，再与之前描出的前半段修顺，在背中线上取$JA_1=JA$，由A_1顺连至底口线，完成素头降跷，如图4-5所示。

视频 4-1
素头旋转降跷

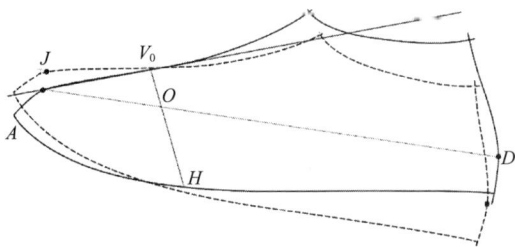

图 4-4　素头款式旋转降跷过程　　　　图 4-5　素头款式旋转降跷结果

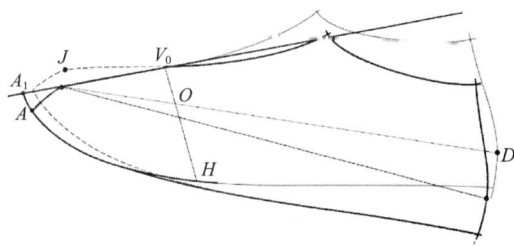

研究发现，制板取跷操作的核心，一是总面积基本相当；二是接帮线长度基本不变。本次取跷过程以JD与跖围线的交点O点进行旋转，因此，JD长度及跖围宽度不会发生变化，确保了总面积基本不变。经对比发现，随着降跷量增加，其他对应部分面积基本相当，如图4-6所示中阴影部分，取跷合理，唯有后弧线上端偏长，可在后期加放材料厚度预留量时将此部分多出量扣除，即上端加放8mm左右即可。

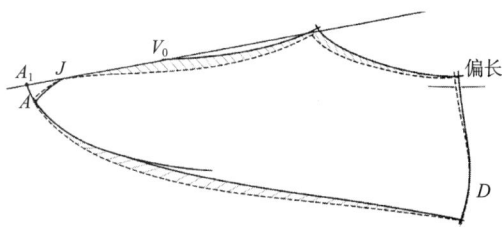

图 4-6　素头款式旋转降跷变化量

二、直接降跷法

通过旋转降跷发现，其结果实际是重新确定了新的对称线，以 JD 线与跖围线的交点 O 点为旋转中心，改变跷度的同时保证 JD 长与跖围宽不变，其他部位面积相当。那么，也可以直接重新定义对称线来进行降跷处理。

（一）有前套部件的直接降跷

对于设计有前套部件便于处理工艺跷的，可以适当降跷，降 5~8mm 使得脚山点位于前帮对称线下方，后期在脚山位置里外踝不会重叠即可，鞋身板、护眼、内里可以直接对称取板。

有前套部件直接降跷法如下：拿出制作好的折中板，将折中板在空白卡纸上复制一份，

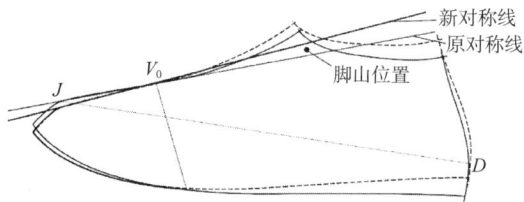

图 4-7　有前套部件直接降跷

直接确定出新的对称线，使脚山位于新对称线下方即可。将新对称线上方面积补充在底口，即按住 D 点不动，将 J 点拉至新对称线上（保证 JD 长不变），再以 J 点为中心，将半面板前半段对齐新对称线，画出前半段底口线，使得宽度不变且面积相当，修顺底口即完成降跷处理，如图 4-7 所示。

（二）素头款式的直接降跷（视频 4-2）

素头降跷量一般需要对称线在楦头角位置，具体可根据材料弹力进行适当调整。操作过程为：在卡纸上复制折中板外轮廓一份，将新对称线位置定于楦头角 A 附近，按住 D 点不动，将 J 点拉至新对称线上（保证 JD 长不变），此时，同旋转法，会发现后弧上端偏长，如图 4-8 所示。再以 J 点为中心，将半面板前半段对齐新对称线，画出前半段底口线（保证跖围处宽度不变，其他部分面积相当），修顺底口至新对称线上，完成降跷操作，如图 4-9 所示。

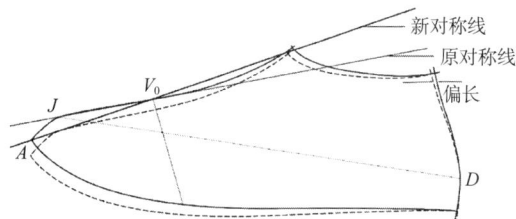

图 4-8　素头款式直接取跷变化量

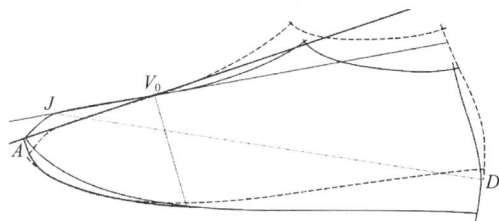

图 4-9　素头款式直接取跷结果

素头降跷量主要取决于材料弹力与试板情况，一般规律为材料弹力越大降跷量越大，材料弹力越小降跷量越小；试板后底口褶皱量多，则可适当增加降跷量，褶皱少或长度不足，则减少降跷量；同时，结合其他试穿情况进行调整。总之，跷度变化越大，后期成型可能出现的问题就越多。

第二节 素头外耳式板鞋结构图绘制

款式效果图可以反映成品最终效果，依据款式图可以准确地对各部件样板加放工艺余量。因此绘制鞋帮结构图要参照款式图进行，以保证结构图与款式图的一致性。在绘制中，可根据需要结合三视图进行，以保证结构图绘制的准确性。因此，在绘制结构图之前，先对成品款式图进行分析，然后着手结构图的绘制。

一、素头外耳式板鞋款式图分析

分析款式图的过程是深入了解鞋子结构的过程，有助于后续开板工作的进行。如图4-10所示，是一款单峰造型的板鞋；鞋头为素头设计，鞋耳（素头外耳式板鞋的边肚又叫鞋耳）压在鞋头部件上；鞋耳上口位置设计护眼部件，增强鞋孔处的强度，同时也丰富款式造型；护眼下方设计锁扣线，一来加强鞋耳与鞋头的结合，二来固定鞋里部件；侧身冲孔装饰，可在一定程度上增强鞋子透气性；后跟上方设计后上片，后上片可以压印商标进行装饰，下方设计保险皮（鞋身板可以再在后弧处拼缝处理）部件；领口位置车缝假线用于美化侧身，同时可以固定翻口里部件。根据以上分析可以帮助我们厘清鞋子结构，画出准确的结构图。

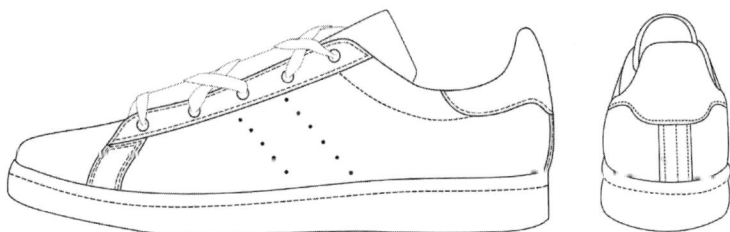

图 4-10 素头外耳式板鞋款式图

二、素头外耳式板鞋结构图设计

在降跷后的侧面板基础上绘制结构图。首先加放材料厚度量与绷帮余量，由于降跷操作使得后弧上口偏长，同时结合板鞋造型与结构特点，在后弧上端加放8mm、D点及以下加放4mm的材料厚度预留量。底口绷帮量的加放同上一章，前段（前开口点之前）加放15mm绷帮量，中、后部分仅留3mm中底厚度，在后期制板时，部件面料样板在底口与母板保持同样的绷帮量（实线所示），而里样板则前段加放6mm，中、后部位加放15mm绷帮量（虚线所示），加放结果如图4-11所示。

本款结构图较为简单，可先运用基线设

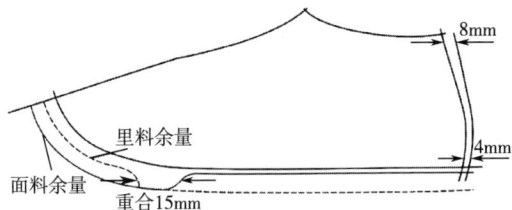

图 4-11 板鞋帮脚余量加放

计法或经验法定出前开口位置，即鞋头部件与鞋舌的交接位置，再绘制出鞋耳（边肚）结构，定出鞋眼位置，接着绘制鞋舌轮廓线，最后观察款式图中其他部件与鞋眼及相邻部件间的位置关系，绘制出其他部件结构图。

（一）前开口位置点的设定

外耳式（双羽式）鞋中，前开口位置点即鞋头部件与鞋舌的交接位置，可运用基线法辅助定位。取基线长度的前1/4为前开口点的参考位置，具体可根据款式图进行调整，本案例（以37码为例）中鞋头长度（即前开口点）取84mm左右。

（二）鞋耳（边肚）结构图的绘制

鞋耳（边肚）是本款鞋的重要部件，护眼设计、装饰设计、眉片设计等都在鞋耳部件上，因此，绘制好鞋耳结构图尤为重要。

首先需要定出鞋耳结构在前帮的起始位置，可以取鞋头长度中点（或中点再向前5mm左右）作背中线的垂线，垂线与底口的交点为鞋耳部件起始参考点。本案例中，脚山高度取85mm，足踝高取53mm，后帮高取76mm，结合款式图，用流畅的线条绘制出单峰造型的鞋耳部件结构图，护

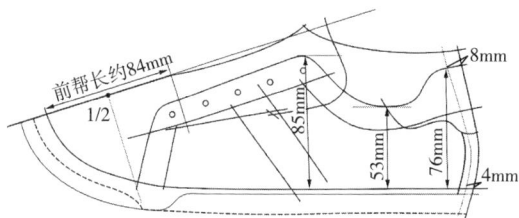

图4-12　板鞋结构图绘制结果

眼宽度取15mm左右，为了造型美观，护眼部件后端比前端略宽2mm左右，最后根据款式图定出鞋眼孔位置，如图4-12所示。

（三）鞋舌结构图的绘制

不同于第二章的前开口式慢跑鞋，此类板鞋的鞋舌与外头搭接在一起，需要鞋舌与外头在搭接处同宽。因此，绘制结构图时直接将鞋舌结构画在母板上，以便于后期压缝操作。

（1）鞋舌长度定位：鞋舌前端与前帮鞋头相接，后端长度取至超出脚山位置20mm左右。

（2）鞋舌宽度定位：前端宽度取超出护眼边沿3mm左右，后端宽度取50mm左右，为了鞋舌样板造型美观，取鞋舌长度中点向下约4mm，与后端宽度连接，最后以流畅曲线画出鞋舌结构图，在上口位置设计轻微凹弧，也可以是直线造型，如图4-13所示。

（四）其他部件结构图的绘制

本案例中，后帮上方设计有后上片部件，观察结构图可以看出（图4-12），后上片高度约为整个后帮高的1/2，后上片长度约在足踝位置附近，下方保险皮在母板上的

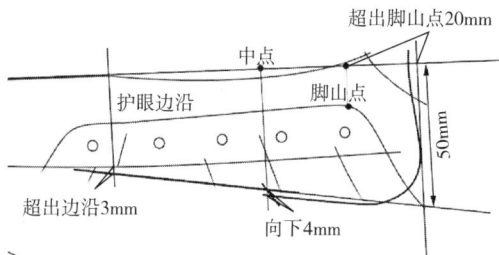

图4-13　板鞋鞋舌结构设计

单侧宽度约为8mm，结合后视款式图，绘制出后上片与保险皮的结构图，最后依款式图画出领口假线与冲孔位置定位线。

第三节　素头外耳式板鞋样板制取

本案例款式部件较少，前期已完成降跷处理以及包括鞋舌在内所有结构的绘制，后期制板相对简单，但需要注意细节设计，如同一位置不同部件的错位，以便后续车缝工作。

取板之前首先将上一步的结构图转换为划线板（母板）。母板是制取后续所有样板的依据，因此务必精准、降低误差。本款部件线条简洁，这里采用扎锥增宽+定点的方式进行划线板的制作，如图4-14所示。

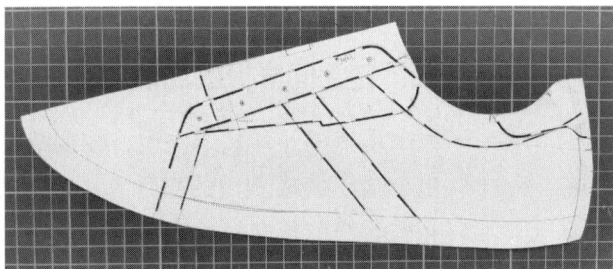

图4-14　板鞋划线板制备

一、鞋头部分样板的制取

（一）鞋头（外头）样板

侧面板已进行降跷处理，鞋头（外头）取板可以直接以背中线进行对称取板。再分析其结构与工艺：鞋耳部件压着鞋头部件，在锁扣位置下车牢，因此，鞋头部件需要加被压量，一般被压量取8mm左右，本外耳式案例中取10mm左右，即从护眼边沿向内缩进一些即可；鞋头后端压着鞋舌，宽度取至与鞋舌同宽，为了后期鞋舌有一定程度上翘，更加贴合脚背，从鞋头与鞋舌交界处向前取1mm左右的跷度量。具体制板过程如图4-15所示。

底口采用绷帮工艺，为了利于后期成型消皱，可在底口做缺口跷，一般在两侧各取2~3个缺口，每隔15mm左右一个，缺口宽度约10mm，深度约8mm，制板结果如图4-16所示。

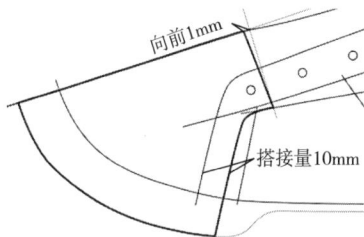

图4-15　板鞋外头样板制取方法

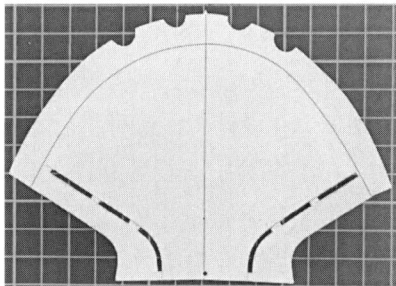

图4-16　板鞋外头样板制取结果

（二）前港宝（头衬）样板

前港宝用于固定鞋头造型的同时可以保护脚趾，在取板时，以母板或外头样板为依据。本案例中，边肚压外头进行车缝，前港宝长度取至边肚处，在车缝边肚的同时固定前港宝，底口去掉绷帮量，港宝宽度取25mm左右，制板示意图如图4-17所示。

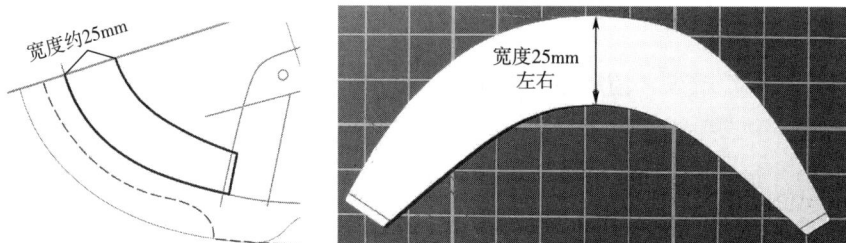

图4-17　板鞋前港宝制板

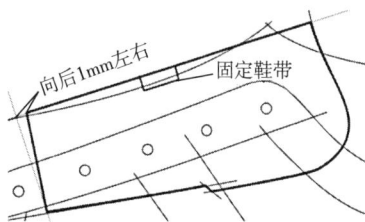

图4-18　板鞋鞋舌面制板方法

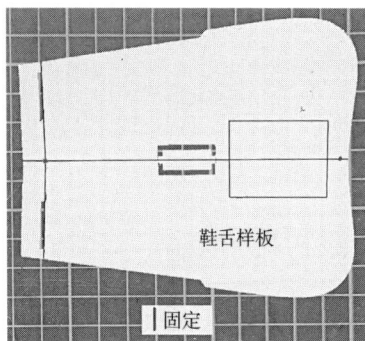

图4-19　板鞋鞋舌面制板结果

二、鞋舌面样板的制取

本案例外耳式结构中，鞋舌结构图在母板中一并画出，为了使成型后的鞋舌有一定上翘，更加贴合脚背，在鞋舌与前帮交接处取1mm左右跷度，如图4-18所示。由于鞋舌被外头所压，在前端加放被压量8mm，对称割下。

另外，鞋舌上一般会在倒数第2、第3孔位间设计鞋舌固定带（吊带），吊带宽度约为10mm，长度约20mm，前端折回量约5mm，鞋舌上若设计商标，则商标位置及大小可参照图4-18，制板结果如图4-19所示。

三、鞋耳（边肚）样板的制取

鞋耳（边肚）部件是外耳式鞋的重要部件，是设计点的主要表现部位。鞋耳面积较大，可进行装饰性设计，现在以冲孔这样简洁的方式居多；鞋口位置一般设计单独的护眼部件（也可无护眼部件设计），用于丰富造型及加强打孔处强度；后帮上口设计后上片，后上片上可进行商标设计，下方设计保险皮，在起到装饰性作用的同时有助于增强内外鞋耳的结合强度，在设计时，也可将后上片与保险皮合二为一。

在本案例中，鞋耳部件上口设计有护眼部件，后帮上方设计有后上片，下方有保险皮。为了避免局部过厚，便于后期车缝，鞋耳样板未取至鞋口处，与护眼保留7mm进行压缝。鞋耳后端车后上片处，上口少2~3mm，如图4-20所示。需要将锁扣位置线、护眼位置、假线位置、后上片位置及保险皮位置刻槽标记于纸板上，如图4-21所示。

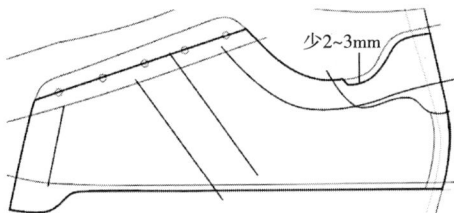

图 4-20　板鞋鞋耳制板过程

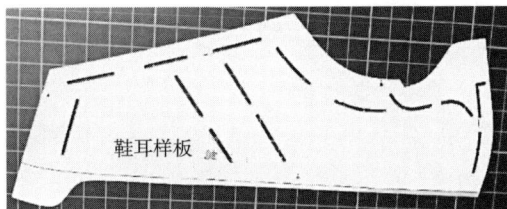

图 4-21　板鞋鞋耳制板结果

四、边里样板的制取

此案例为外耳式结构，边里样板制取难点在于理解缺口的处理。鞋耳、边里部件底口部分与鞋头部件以锁口形式车牢，边里上半部分与鞋头部件分离，保证了鞋子的开合性，便于穿脱。边里若全部压在鞋头部件之上，虽然能够保证开合方便，但会影响穿着舒适性，脚趾部位在鞋腔中能够感触到鞋头部件边缘，可能导致摩擦而引起不适。

因此，一般边里在距离底口边沿15~20mm处（或锁扣位置向下5~8mm）做宽约2mm的缺口，缺口深度为超出外头部件边沿1~2mm，缺口之下的边里夹住外头部件插入鞋腔内部，缺口之上部分留在外部与鞋耳部件车缝。为了保证插入鞋腔部分的边里在车锁口线时顺利被车缝，缺口下部边里加5mm余量；由于设计有护眼PU部件，为了使后期车缝方便，边里在鞋口处向内缩进3mm左右。制板方法与结果如图4-22、图4-23所示。

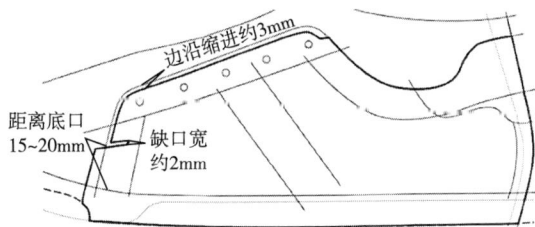

图 4-22　板鞋边里样板制板过程

图 4-23　板鞋边里样板制板结果

最后鞋耳上口部位车缝时，仅需将最外侧的护眼与最内侧的护眼PU车缝，车缝后护眼PU修边处理，此处其他部件如鞋耳、边里等均做内缩处理，以便于上口的缉缝操作。

五、护眼部位样板的制取

护眼部位需要打孔穿鞋带，属于经常受力的部位，为了防止穿着过程中由于鞋带收紧而发生形变，除了外观上可见的护眼部件外，还会在此部位设计补强部件。本案例中设计护眼长纤及护眼PU作为补强部件。

（一）护眼

本案例中护眼部件为分割的两片式，不必处理跷度，以母板复制出护眼部件造型，定出鞋眼位置即完成样板制取，如图4-24所示。

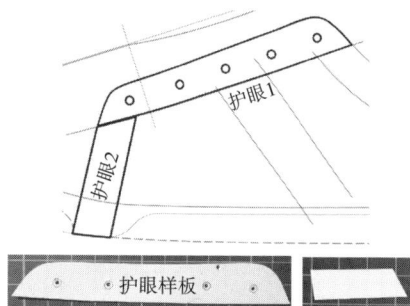

图 4-24　板鞋护眼样板制取

（二）护眼补强（护眼长纤、护眼PU）

护眼长纤是贴在护眼部件上的补强部件，在护眼部件基础上整体一圈内缩3mm左右，如图4-25所示。

护眼PU是在鞋腔最内侧紧贴边里的补强部件，制板时以护眼部件造型为依据，上口加3mm左右修边量（翻口里部位不加），下端长度超出护眼边线8~10mm，即取至边里缺口处，如图4-26所示。

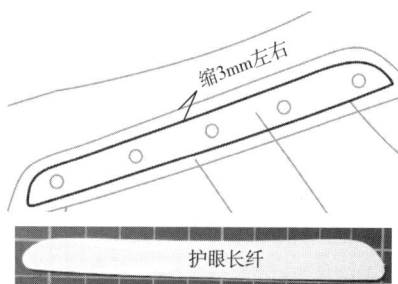

图 4-25　板鞋护眼长纤样板制取

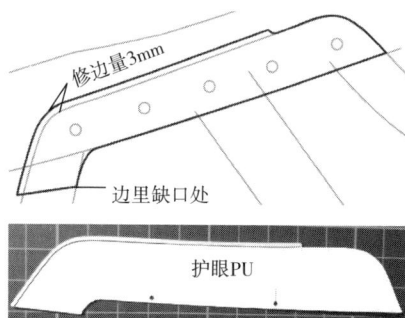

图 4-26　板鞋护眼 PU 样板制取

六、后上片与保险皮样板的制取

（一）后上片

本案例中后上片部件制板简单，直接以该部件在后弧处的上下端点连线为对称线，对部件进行对称取板即可，如图4-27所示。

图 4-27　板鞋后上片样板制取

（二）保险皮

保险皮部件制板时定出宽度及长度即可，手工制板时，可以先画出对称线，再以母板逐段比对，确定保险皮的长度，制取样板，如图4-28所示。

七、头里、舌里与舌棉样板的制取

对于素头外耳式结构设计而言，可以将鞋头与鞋舌样板设计为一体，不做断帮，头里与舌里样板也可设计为一体不断帮，但断帮设计有助于提高出材率。本文以断帮式结构设计为例进行阐述，去掉断帮设计的加工余量（压缝量、反接量）即可制取一体式样板。

鞋头与舌面样板取板的压缝位置在最初设定的前帮长度线处，本案例中头里与舌里以反接形

图4-28　板鞋保险皮样板制取

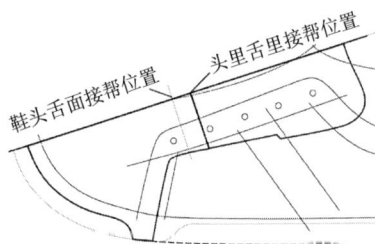

式结合，鞋面与鞋里的接帮位置要尽量错开，以避免因为加放余量而局部过厚的问题。本案例中，将头里与舌里的接帮位置设计在面料接帮位置向后10mm左右，以母板为基准取板，在接帮处各加4mm反接量，加反接量处向内做倒角，避免反接后边沿外露。具体制板方法及制板结果如图4-29、图4-30所示。

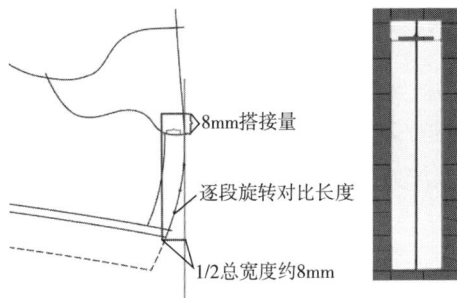

图4-29　板鞋头里、舌里制板过程

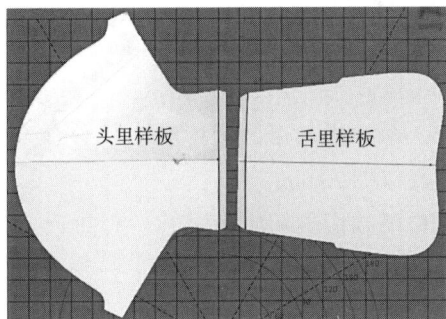

图4-30　板鞋头里、舌里制板结果

设计鞋舌海绵主要是为了提高成鞋的穿着舒适性。取板时以鞋舌面样为依据，在舌面前端处进行缩进，以便于弯折，缩进量比较灵活，此处可缩进8mm；前段较舌面向内缩进约4mm，便于车缝，后段取至舌面边线，脚腕处向外加放约4mm，使得此处更加饱满。制板示意图及制板结果如图4-31所示。

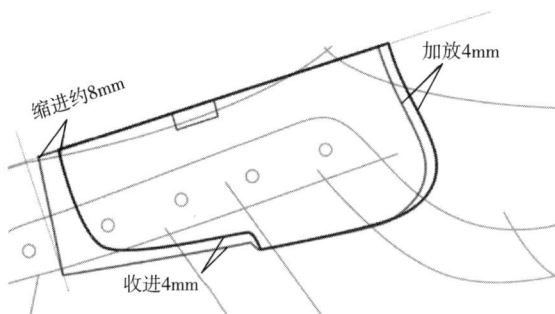

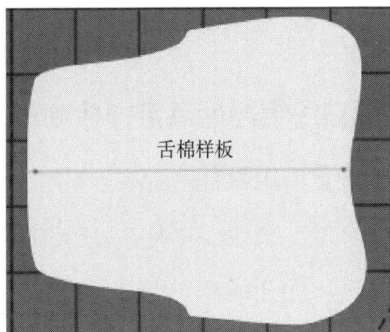

图4-31　板鞋舌棉制板

八、翻口里（后里布）样板制取

运动鞋在后领口部位一般会有翻口里部件设计。一般板鞋翻口里复合海绵相对较薄，皮料或柔软布料为主要材料，弹力不及网布类，因此在处理消皱量时相对较少，具体制板方法如下。

（1）确定翻口里的位置线。上端在脚山位置向前20~25mm处，下端在脚山正下方附近。

（2）接着确定翻口里的对折线。由于板鞋翻口里材料弹力相对较小，后弧处消皱处理量也较少，一般上端向内收3mm左右，下端收5~6mm，需要根据材料具体弹力及试板情况予以调整。

（3）足踝位置消皱处理。低帮鞋的足踝部位为凹弧，在翻折后容易出现褶皱，因此要在足踝位置进行消皱处理，在足踝最低位置取一条直线，以直线为中心，向左、向右各约1.5mm（总宽度3mm左右），与直线下端连接，形成一个三角形区域，手工取板时，用刻刀去掉此三角形区域，翻口里左右两部分用美纹纸在背后拼接起来，完成足踝位置的消皱处理。

（4）为了使翻口里与帮面车缝后贴合紧密，从翻口里上端位置线处向下降2mm左右顺连至脚山点。

（5）翻口里与帮面进行反接但不用加反接量，需要在底口加上反缉、翻折的损失量，一般在底口加20mm左右。

翻口里制板参考数据如图4-32所示，制板结果如图4-33所示。

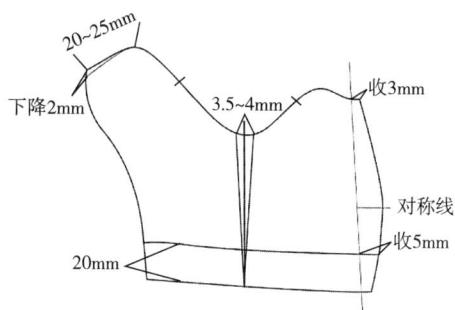

图4-32　板鞋翻口里制板过程

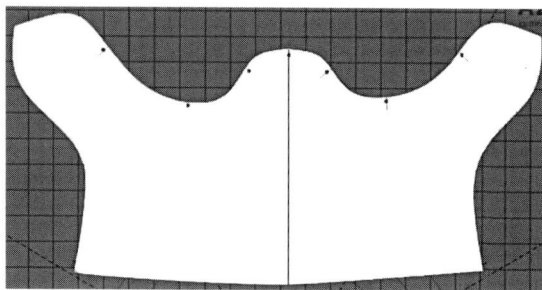

图4-33　板鞋翻口里制板结果

九、领口海绵与后港宝样板制取

后港宝所用材料比前港宝更厚、更硬，为了防止后港宝磨脚、卡脚，需要领口海绵遮住港宝上口，因此，后港宝和领口海绵样板一般一起制作。

（一）领口海绵

取后帮高的中点，该点为领口海绵后端宽度点，海绵前端宽度女款37码取约

25mm，男款41码取约30mm，海绵长度位置一般取在最后一个鞋眼后12~15mm位置，为了达到领口部位饱满及对脚的防护性，在上口位置加4~6mm的翻折量，以顺滑弧线画出海绵造型。最后连接海绵上下端点为对称线，完成海绵部件的取板，如图4-34所示。

（二）后港宝

为了港宝上端不会磨脚、卡脚，取板时使港宝与海绵有12~15mm的重叠量，即从中点向上12~15mm定港宝高度位置，港宝底口长度取80~90mm，以顺畅弧线连接高度点至长度点，画出港宝造型。

接着将港宝高度进行三等分，以上两段的上、下端点连线为港宝对称线，最后一段开衩处理，完成港宝的制板，如图4-35所示。

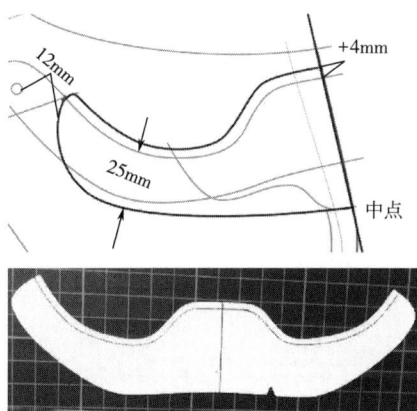

图 4-34 板鞋领口海绵样板制取

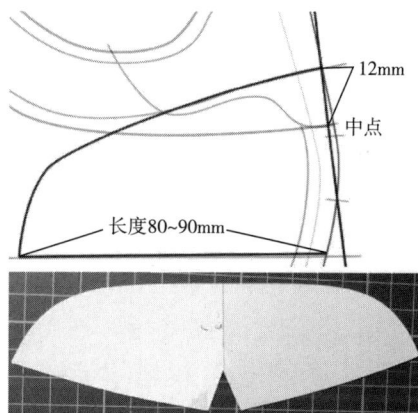

图 4-35 板鞋后港宝样板制取

十、后方补强样板的制取

本案例无后套部件设计，为了增强后身部位的稳定性与定型性，在结构设计中增加后方补强部件。补强部件通常为自黏性材料，裁剪后粘贴于鞋耳部件上，属于补强辅料，对制板精度要求不高。制板时在上口部位较母板缩进5mm左右，后弧取母板后弧线，底口长度约70mm，以顺畅曲线画出补强轮廓线，制板过程及结果如图4-36所示。

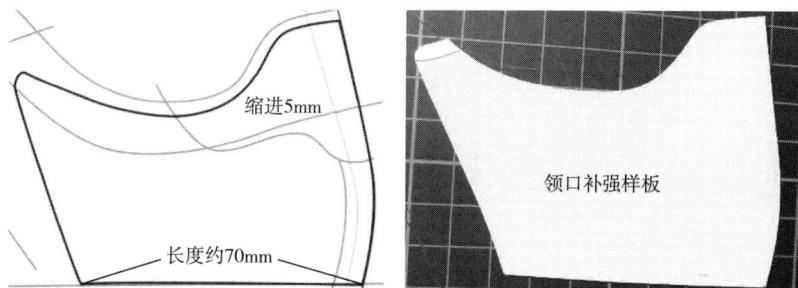

图 4-36 板鞋后方补强样板制取

本章小结与综合练习

本章小结

重点： 掌握素头侧面板的降跷原理与方法；
　　　　掌握素头外耳式板鞋结构图的绘制方法；
　　　　理解并掌握外耳式板鞋边里的制板方法；
　　　　掌握样板错层等细节处理方法。

难点： 理解并掌握素头款式的降跷原理与方法；
　　　　理解并掌握制板过程中内缩、错层等灵活处理方法。

综合练习

实训目的： 通过综合实训练习，掌握素头降跷方法，掌握外耳式结构图绘制方法，理解并掌握外耳式鞋款的样板制作。主要掌握的知识及技能要点如下：

1. 外耳式板鞋的设计特点与结构特点；

2. 侧面板的降跷原理与方法；

3. 外耳式结构图的绘制方法；

4. 外耳结构中边里打剪口处理的方法与意义；

5. 以人为本、服务生产的制板细节处理方法。

实训要求： 能根据素头外耳式板鞋成品实物、照片或款式图完成结构图绘制与结构设计，并根据工艺要求制作全套样板。

实训内容： 以本章案例为基础，根据下列素头外耳式板鞋成品款式图或原创设计图完成对应的结构设计与全套样板制作（图4-37~图4-45）。

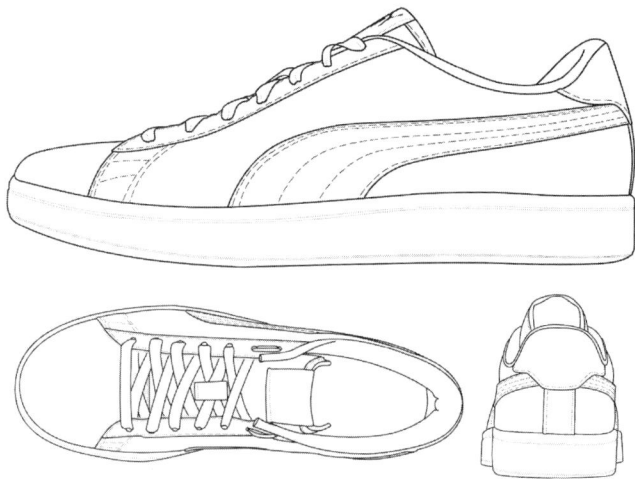

图 4-37　素头外耳式板鞋练习款式图 1

图 4-38 素头外耳式板鞋练习款式图 2

图 4-39 素头外耳式板鞋练习款式图 3

图 4-40 素头外耳式板鞋练习款式图 4

图 4-41 素头外耳式板鞋练习款式图 5

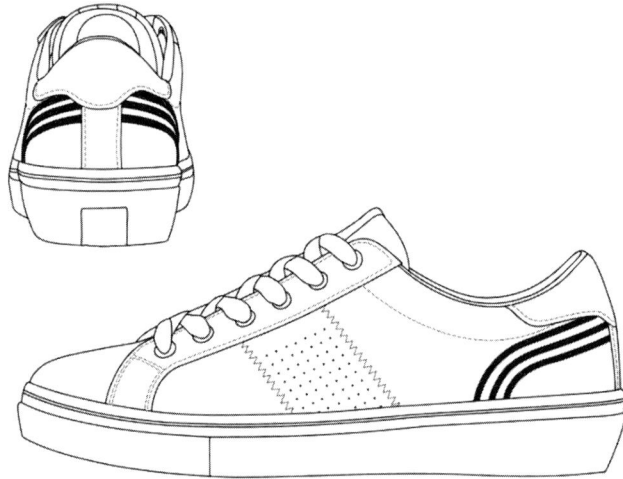

图 4-42 素头外耳式板鞋练习款式图 6

图 4-43 素头外耳式板鞋练习款式图 7

图 4-44　素头外耳式板鞋练习款式图 8

图 4-45　素头外耳式板鞋练习款式图 9

第五章

封闭飞尾式轻便跑鞋结构设计与制板

课题名称： 封闭飞尾式轻便跑鞋结构设计与制板

课题内容： 1. 半面板处理（套楦工艺）

2. 封闭飞尾式外框及结构图绘制

3. 封闭飞尾式飞织轻便跑鞋结构设计与样板制取

4. 本章小结与综合练习

课题时间： 16 课时

教学知识目标： 1. 掌握套楦工艺下半面板的制作方法

2. 理解并掌握拉帮对位点的标定方法与意义

3. 理解并掌握拉帮衬的内缩处理方法

4. 理解并掌握飞尾式造型翻口里的制板方法

教学能力目标： 1. 能理解并掌握拉帮衬的内缩处理方法与意义

2. 能根据款式与材料变化调整相关制板参数

3. 能以本案例为基础，掌握封闭飞尾式鞋类的制板技术

课程思政目标： 持续学习与创新精神：随着新材料、新工艺及造型的不断更新，制板操作也需要与时俱进，保持岗位热爱与终身学习，方能适应社会发展

教学方式： 教师通过演示文稿（PPT）图文讲解、实物鞋现场分析、视频观摩及现场演示等形式帮助学生学习基础理论知识与相关实践技能，学生在理解的基础上进行讨论与综合练习，最后教师再根据学生的提问及练习中存在的问题逐一分析解答

课前（后）准备： 课前了解本章学习内容安排，提倡学生多查阅跑鞋设计相关文献，了解国内外跑鞋品牌，梳理跑鞋设计特点及各大品牌核心竞争力，了解当下跑鞋材料与工艺特点。课后要求学生复习相关内容，完成综合练习，掌握所学理论与技能要点

随着技术的进步与材料的更新，运动鞋的加工与成型工艺也随之更新。传统运动鞋的材料主要为革料与网布，现在出现了飞织、贾卡、纱架、TPU（热塑性聚氨酯弹性体橡胶）、橡塑等材料，加工工艺有高频、热切、无缝结合、滴塑、电绣、贴膜等，成型工艺除了绷帮（攀帮）外，还有套楦、半套楦工艺。

飞织跑鞋是材料与技术更新的产物，是针织类材料应用于鞋类产品的典型代表。相较于传统材料，飞织材料更加轻便、透气、简洁，符合跑鞋的性能及现代审美要求。同时，飞织类材料具有较好的弹力，适合于套楦操作。本章主要介绍飞尾（后仰）式飞织跑鞋采用套楦成型工艺的制板技术与方法。

第一节　半面板处理（套楦工艺）

套楦工艺不同于传统的绷帮工艺，绷帮工艺是面与底完全独立，帮面加工完后，将中底板固定于鞋楦底部（一般先临时打钉固定），再将帮面套在鞋楦上，把帮脚余量绷至中底上，进行成型操作，而套楦工艺是将帮面加工完成后，鞋面部件与软质中底在底口进行拉帮，组成一个面、底连在一起的鞋套，再将鞋楦塞入鞋套完成成型操作。

绷帮工艺可以通过调节帮脚（绷帮）余量使鞋面与鞋楦完美贴合，而套楦工艺预先将帮面与中底缝合，后期无法调整，这就要求制板更加精确，要考虑到内外腰的区别。同时，如果设计为一脚蹬款式，则材料弹力尤其是鞋口部分材料的弹力要足够，否则无法保证鞋楦套入与顺利脱楦，同时一脚蹬款式在鞋口的结构线也会影响套楦工艺操作与鞋子的穿脱，因此，此种结构鞋一定要进行试板以确定制板参数。

由于帮面底口线与中底要进行拉帮处理，因此，需要确保面板底口线长度与底板周长长度匹配，才能使拉帮后平整无皱，然后将鞋楦套入由帮面与中底组成的鞋套中，再合底完成成型操作。为了保证成品鞋的美观性与使用耐久性，通常要求大底边墙要高出面、底拉帮缝合线8mm左右，如果所选用的大底鞋墙较高，满足要求，则底板、面板在底口处无须做特殊处理。若采用的大底底墙较低，无法超出正常面、底拉帮缝合线8mm，则需要在底板、面板底口处进行特殊处理。可以将底板进行内缩处理，在面板底口对应位置加放底板的内缩量，以使成型后大底边墙盖住拉帮缝合线8mm。

对于多数跑鞋而言，大底底墙在前尖部位较低，后跟部位较高，成型一般有两种方法，一种是半套楦，另一种是全套楦。半套楦即前段底墙较低部分采用绷帮，后段底墙较高部分拉帮套楦；全套楦即整体拉帮套楦，需在底墙较低处将底板进行内缩处理。

不管采用全套楦或半套楦，都需要对侧面板与底板进行处理，保证面板底口长度与底板边缘周长匹配，且标注相应的拉帮对位点以便于后期拉帮操作。

一、面、底相关点线的标画

按照一般方法进行贴楦，先贴楦面，再贴楦底，要全部满贴。贴楦底时可以先纵向贴

1~2条美纹纸，再横向贴满，也可直接全部纵向将楦底面贴满。然后用铅笔画出面、底交界线。楦体前段，用铅笔与楦体呈约45°角沿着楦边棱描画即可完成，腰窝及后段有的楦体边棱呈较为圆顺弧面，需要注意依着楦体造型，根据前段描画边界线及经验画出腰窝及后段的面底交界线。之后进行楦面与楦底其他辅助点线的标画。

（一）拉帮对位点的标画（视频5-1）

视频5-1
拉帮对位点标画

所谓拉帮对位点，是指面、底在拉帮车缝时，由于面、底一圈拉帮长度较长，为了便于工人操作而在面、底同一位置上标画的点，这样每车缝一段距离使面、底对应对位点对齐，可以保证整个拉帮操作的合格率。

首先标画楦底中线，需定出楦底前尖中点、后跟中点，可以采用目测法或测量法进行。初学者由于经验不足，可采用测量法，操作方法为：将尺子放置于楦底前段靠近前尖位置处，上下推动直尺，找到一个楦底宽度为整数（方便均分）的位置，比如5cm，取其1/2，即2.5cm为此处宽度中点，将该点向前挪动至楦前尖位置，记为楦底前尖中点A_0，如图5-1所示。再用同样的方法，找出楦底后跟中点B_0，连接前后中点A_0B_0即为楦底中线，将楦底中线进行四等分，等分点分别为M_1、M_2、M_3，如图5-2所示。

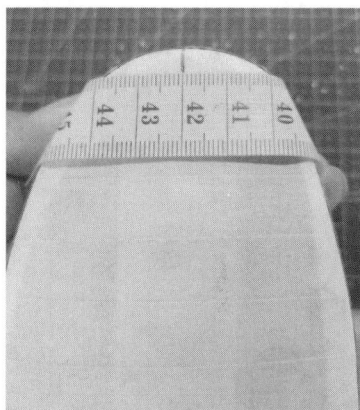

图5-1　标定前尖中点

接着画分踵线，如图5-2所示，过第一跖骨凸点H_1、第五跖骨凸点II，分别做楦底中线的垂线，得到H_1Z_1、HZ'，在HZ'上截取$HZ=H_1Z_1$，连接B_0Z即得到分踵线。

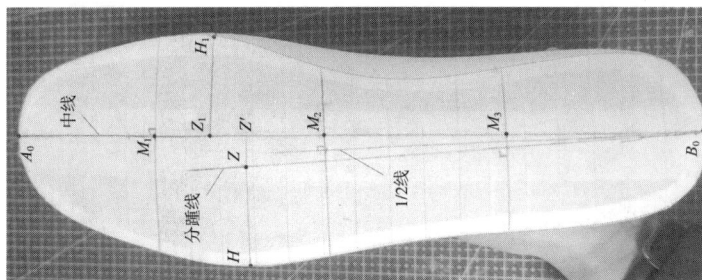

图5-2　标定拉帮对位点

拉帮对位点的确定：

（1）过M_1作楦底中线的垂线，与楦底边沿有两个交点，将两个交点分别在面、底交界处延长画在楦底与楦面上，此为一对对位点。

（2）取楦底中线与分踵线的1/2线，过M_2作角1/2的垂线，分别与楦底边沿有两个交点，将两个交点分别在面、底交界处延长画在楦底与楦面上，为第二对对位点。

（3）过M_3作分踵线的垂线，与楦底边沿有两个交点，将两个交点分别在面、底交界处延长画在楦底与楦面上，得到第三对对位点。如图5-2所示，加上楦底前后中点，共计四对对位点。最后，用刻刀沿上一步所画面、底交界线割开面、底，确保四对对位点在楦面与楦底上均留有痕迹。

（二）楦面相关点线的标画

在楦面上需标画出头厚点J、后跟凸点D、背中线、后弧线、跖围线与头厚线，如图5-3所示。接着用刻刀沿背中线、后弧线割开楦面美纹纸，将美纹纸分片揭下展平，具体标画及展平方法同第一章第三节，得到内腰展平板、外腰展平板与底板展平板，如图5-4所示。

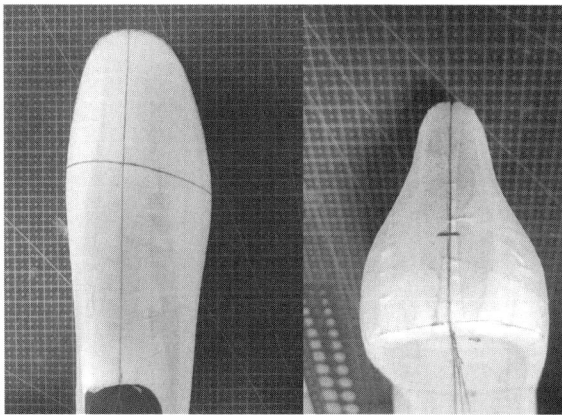

图5-3 封闭式跑鞋楦面相关点线标画

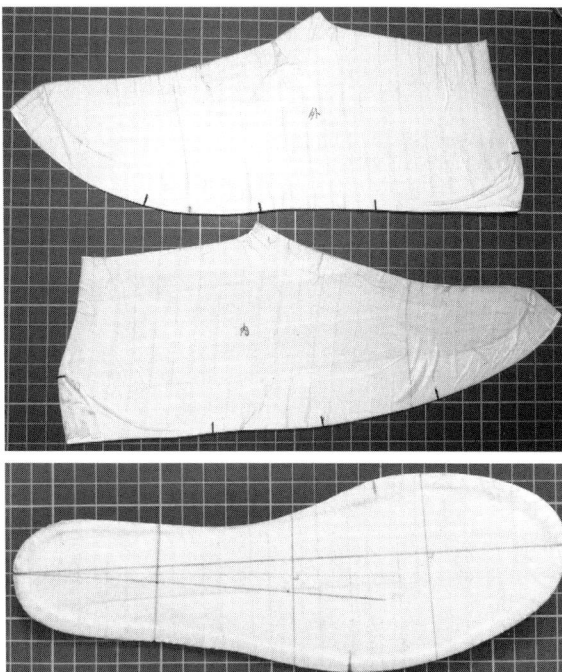

图5-4 封闭式跑鞋揭楦展平

二、折中处理

对上一步的内腰、外腰展平板进行折中处理，折中方法同第一章第三节。背中线、后弧线处取内外腰中线，因为后期采用套楦工艺，对样板的精度要求更高，因此在底口需要考虑内腰、外腰本身的差异。对于内腰、外腰底口的差异，有以下两种处理方式。

（1）保留内外展平板原本差异，不做处理，对应的底板在此步也不用处理。此时面板底口有内腰、外腰两条边线，在取板时（如侧饰片部件），要以两条边线分别制取内腰、外腰侧饰片样板。

（2）将底口差异取中线，则在前掌部位，外腰面板底口因取中线而被缩减，内腰对应被加大；而在腰窝部分，外腰面板因取中线被加大，内腰对应被缩减，如图5-5面板所示。底口取1/2线后，面板底口只有一条线，后续取板相对方便，但须在底板对应位置加放面板缩减量、缩减面板加大量，使得面、底相加的总面积不变，如图5-5所示，底板虚线部分为对应的处理量，最后将处理后的底板线条修顺，完成第二种折中处理。

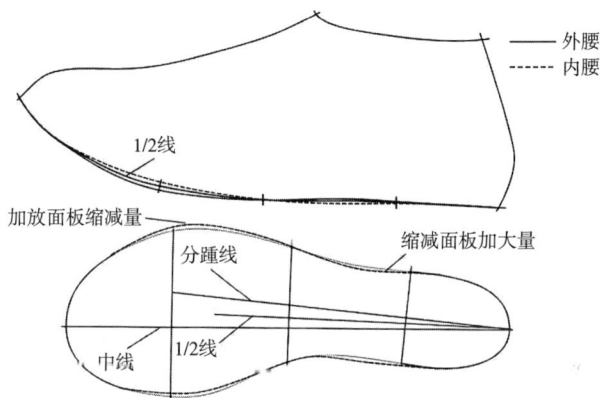

图 5-5　封闭式跑鞋面板底口折中处理

三、素头跷处理

跑鞋采用一体飞织材料的大多为素头结构，因此，在画结构图之前需要对侧面板进行素头降跷处理。

素头降跷主要是为了后期的成型操作，通过降跷，底口长度缩减，能够减少成型时底口的褶皱量，便于拉帮操作。降跷量取决于款式与所采用的材料，一般无前套造型（素头）或前套是通过无缝、热切、射出TPU等工艺压合的前套造型，都需要降素头跷。另外，材料弹力大，降跷量应适当增加；材料弹力小，降跷量应随之减少。

如图5-6所示款式的跑鞋，素头结构采用飞织材料（弹力较大），因此适当增加降跷量，再根据试板情况进行调整，具体降跷方法同第四章第一节（侧面板的降跷原理与方法）。初次制板降跷量为一般素头降跷量，即原始楦头角位于新对称线上，或以V_0J连线算起，素头降跷量男鞋约为20mm，女鞋约为18mm，童鞋约为15mm，降跷结果如图5-7所示。

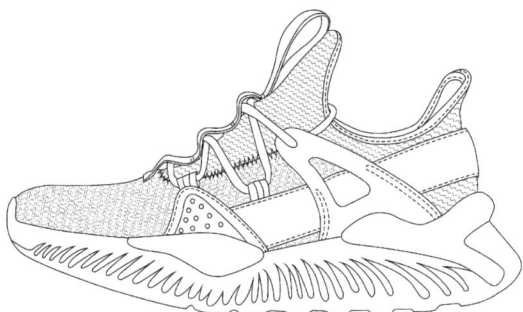

图 5-6　封闭式跑鞋款式图

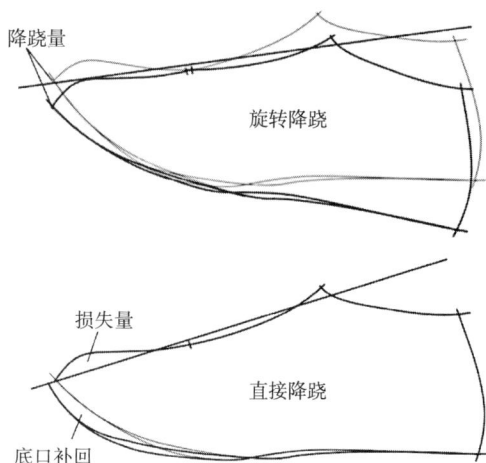

图 5-7　两种方式的母板降跷结果

四、底板（拉帮衬）内缩处理

套楦工艺中，帮套车缝好之后，通过拉帮操作将帮面与底板（拉帮衬）合为一体，组成完整的鞋套，如图5-8所示。拉帮线迹有一定宽度，若大底底墙较低，尤其是跑鞋类前帮底墙较低，则合底后拉帮线可能外露，影响成鞋外观，此时需要对底板进行内缩处理。

图 5-8　封闭式跑鞋拉帮后鞋帮套

底板进行内缩一是为了保证拉帮线完全被鞋底墙所盖（一般要求盖住8mm以上），二是底板内缩可以将帮面向下拉紧，帮面更加平整无皱，对于一些鞋面弹力较大材料，一般都可以将底板向内缩进一定量，具体根据试板情况而定。底板内缩量主要取决于底墙的高度，缩进后，保证后期拉帮线被底墙所盖8mm以上即可。

底板内缩处理后，根据面料弹力情况决定是否在面板底口对应加放缩进量，面料弹力大，则面板底口不加或少加量；面料弹力小，要在面板底口对应位置加上底板的缩减量。因此，一定根据试板情况来调整面板底口的处理量。

一般常规底板缩减后面板底口对应加量如图5-9所示，在本案例中，进行试板后发现针织类面料弹力大，常规操作套楦成型时鞋面不够平整，因此，须调整面板底口的加放量，经试板发现，本款可以在底口不用加放底板缩减量，同时为了鞋面平整，还会将面板底口再进一步缩进3mm左右。

最后，根据款式或客户要求可做半套楦或攀帮（绷帮）工艺，则底板可以不做内缩处理。

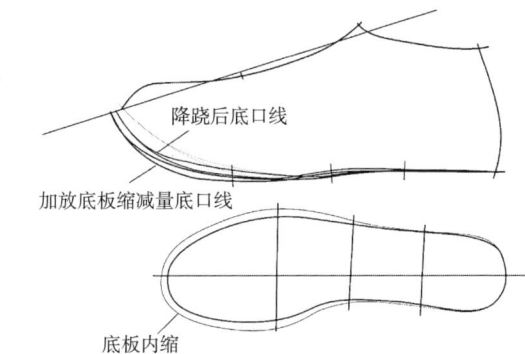

图 5-9　封闭式跑鞋底板内缩、面板对应加量

五、拉帮对位点的重新确定

所谓拉帮对位点即面板底口边沿与底板边沿处于同一位置的一一对应的点，在后期拉帮过程中起到对位作用。但经过面板降跷、底板内缩等操作后，原本一一对应的对位点位置会发生偏差，偏差较多时，需要重新确定拉帮对位点，以辅助后期拉帮操作。

重新确定拉帮对位点的具体操作为：以底板后跟中点对齐面板后跟点，如图5-10所示。若面板底口分内外腰，则底板外腰对齐面板外腰线条，底板内腰对齐面板内腰线条。通过旋转底板，使底板边线逐段与对应面板底口线重合，再将面板上的对位点重新标画于底板上，如图5-11所示。

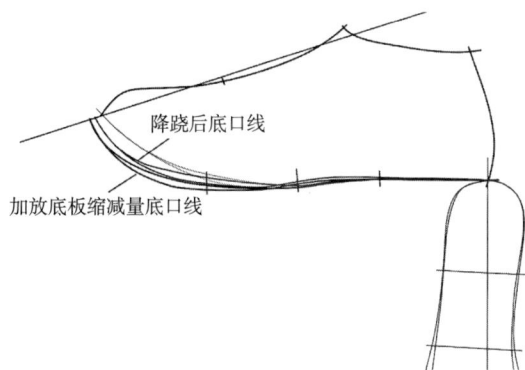

图 5-10　封闭式跑鞋后跟中点对齐

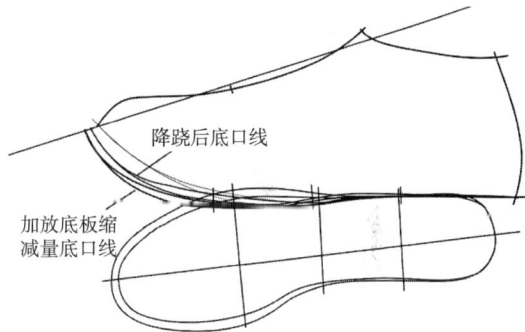

图 5-11　封闭式跑鞋旋转比对重新确定拉帮对位点

最后，旋转底板直至将底板前尖中点标记于面板底口处，取内外腰标记点的1/2，如图5-12所示。此款为素头款式，前尖处无30°头厚处理量，此时，直接观察面、底长度差，若面板底口长度大于底板长度（偏长量）15mm以内，则可以不做处理，拉帮时依靠工人操作手法可以将面板均匀起皱，与底板结合，若面板底口长度大于底板15mm以上，则需要处理。

经比对后若面板底口一圈周长大于底板一圈周长较多（即帮面底口一圈长度大于拉帮衬一圈周长15mm以上）时，分两种情况。

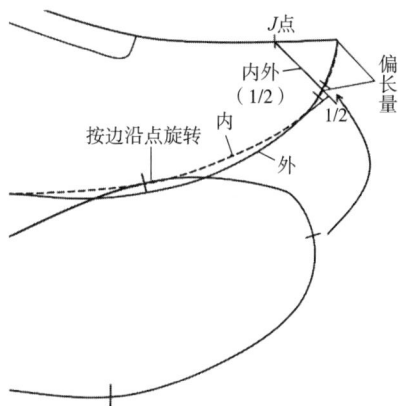

图 5-12　封闭式跑鞋底板前尖中点定位

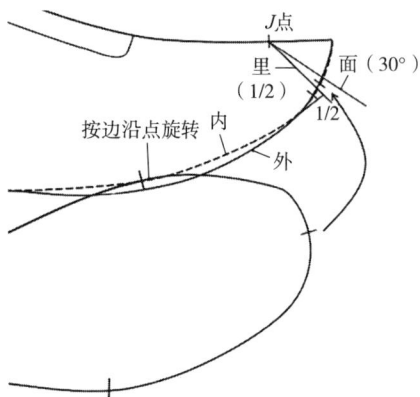

图5-13 封闭式跑鞋面、里前尖取板位置

（1）有常规前套（即后期可以取工艺跷）的款式及面料弹力较大的针织类材料鞋款，可以通过降跷缩减面板底口长度，达到顺利拉帮操作的目的。对于有前套的款式（非素头款），面板前尖处有30°左右的植头厚处理量，面料样板取板时取至30°线，里料样板取板时取至内外1/2标记位置线（则内里底口长度与底板长度等长），如图5-13所示。偏长量为30°线至1/2标记线之间的距离，适当降跷即可，而不必进行缩头处理。

（2）素头款式且采用弹力较差的材料，如全革料或无缝外头的网布材料等，如果面板底口偏长量大于15mm，则需要用缩头机对面板底口一圈长度进行缩减，以保证面底长度相当，便于拉帮操作。由于弹力较差，因此不能过多降跷，可以利用缩头机缩减面板底口长度，缩减比例可以调整。一般使用缩头机每车缝2.5cm可以使长度缩减0.5cm，可根据上一步的偏长量确定缩头机车缝长度。例如，偏长量为2cm，则需要缩头机针车10cm距离。

第二节 封闭飞尾式外框及结构图绘制

经过本章第一节的学习，读者掌握了套植工艺下半面板的制作方法，与绷帮（攀帮）工艺基本相同，需要注意标定拉帮对位点，以便后期操作。本节主要学习外框与结构图绘制，此款为封闭式结构，外框绘制方法不同于前开口式，外框绘制完成后再根据款式图进行结构图绘制，最后完成母板（大板）制作。

一、封闭飞尾式外框的绘制

一般情况下，若底板进行缩减处理，则常规底板缩减后，面板底口对应加量，如图5-9所示。在本案例中，进行试板后发现针织类面料弹力大，常规操作后，套植成型时鞋面不够平整，因此，需调整面板底口的加放量。经试板发现，本款可以不用在底口加放底板缩减量，同时为了鞋面平整，还会将面板底口再进一步缩进3mm左右，如图5-14所示。

封闭款式为了保证良好的穿脱性，需要将原始背中线进行抬高处理，抬高量取决于材料弹力与试穿结果。具体操作为：由植统口前端点C向下2cm为B点，再由B点

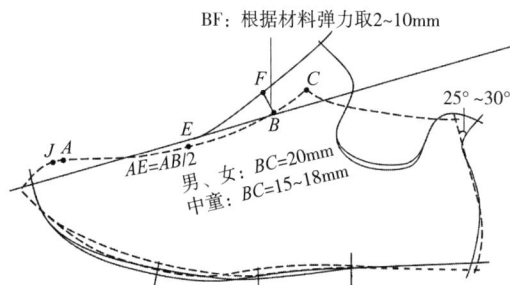

图5-14 封闭式外框绘制

向上抬高8mm为F点，E点为AB的1/2位置，由E点开始画抬高的背中线，可以用原始外腰展平板背中线比对在对应位置画抬高后的弧线，如图5-14所示。

飞尾（后仰）造型的后帮高度较高，37码取89mm左右，41码取98mm左右，普通楦体可从后帮高的1/5处向外绘制，这样既满足造型美观又不会卡住脚的后弯点，也可以根据飞尾（后仰）造型的需求定制对应楦体用于产品开发。在足踝处可做内外腰差异，根据脚型规律内腰足踝处高于外腰2~3mm，领口线条根据款式图绘制，外框绘制结果如图5-14所示。

二、飞织跑鞋结构图的设计与绘制

结构图是样板制取的基础，一定要严格参照款式效果图进行，本章案例三视款式效果图如图5-15所示。

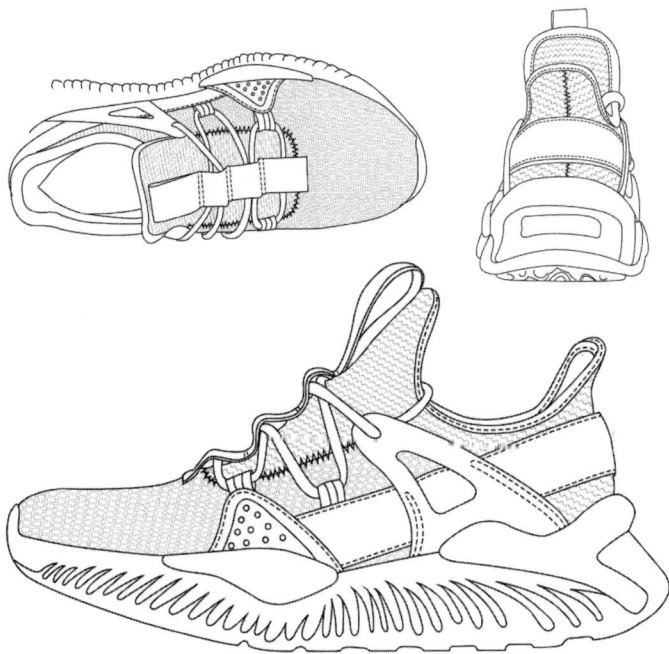

图 5-15 素头飞织跑鞋三视款式效果图

（一）款式图分析

（1）由侧视图可以看出该款鞋后段底墙较高，且造型变化较为丰富，因此需要将底墙轮廓画在贴楦后的楦体美纹纸上，以便于其他结构线条的协调设计与绘制。

（2）口门位置，即鞋舌部件与前帮的连接点位于E点附近（图5-14），后领口部件与前帮部件为相互独立的部件，通过四针六线拼缝连接。

（3）鞋身设计两个装饰片，其位置可以通过观察侧视图与俯视图，先定出小织带与孔位位置，再进行侧饰片的结构图绘制，小织带宽度规格为8mm。

（4）背中线织带，此处设计织带不仅有固定鞋带的作用，还有装饰性功能，宽度规格可以根据设计进行选择，此处织带宽度规格为1.5cm。

（5）侧身织带具有装饰性与加固侧身的作用，宽度取决于设计效果图，本案例侧身织带宽度规格为1.8cm。

（6）领口采用捆边工艺，后弧处内外腰采用四针六线拼缝，因此均不需要加放余量。

（二）结构图绘制

经过外框绘制与款式图分析，参考三视图进行结构图绘制，其步骤如下：①从口门处开始绘制出前帮与后领口的分界线；②参考俯视图确定背中线织带的车线位置（固定鞋带）；③确定侧饰片与小织带位置；④绘制侧身织带并标记织带固定位置，侧身织带在后弧处对称，需要后弧向外加放2mm。绘制完成后根据款式图进行调整，使得结构图绘制线条流畅、比例协调，且与款式图匹配，最终结构图绘制如图5-16所示，之后采用扎锥增宽法处理得到划线板（母板），如图5-17所示。

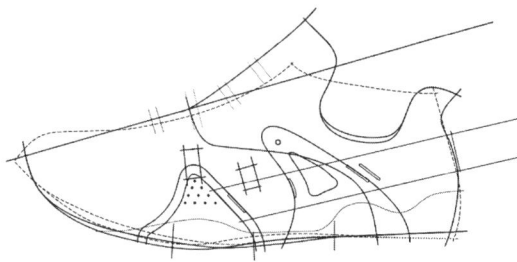

图 5-16　封闭式跑鞋结构图绘制

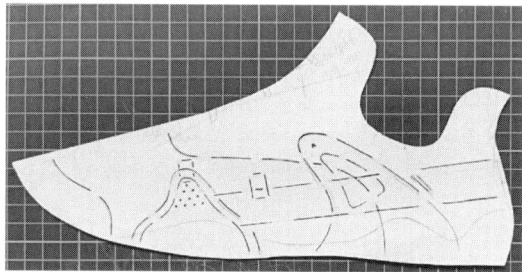

图 5-17　封闭式跑鞋划线板（母板）制作

第三节　封闭飞尾式飞织轻便跑鞋结构设计与样板制取

此款跑鞋大面采用飞织材料一体针织而成，整体样板数量较少，制板相对简单。对于采用飞织或贾卡类材料作为鞋面的，需要制作出部件轮廓样板。若部件上设计有图案或不同花纹，则需在部件样板中标记出不同纹样的区域边界，针织厂商以此进行材料的打样制作。

根据设计效果图，本款跑鞋中设计有多个织带，织带是近几年鞋服设计中的流行元素。织带宽度、色彩与花纹可以联系对应厂家进行定制，在制作样板时需要定出每个织带长度、标记出织带的对折位置、织带上的车线位置等，以便后期制作工序中，工人可以根据样板裁剪织带并按标记点位进行缝缝。

部件上若设计有空压、印压、大面积的胶印、热切等，做工艺时材料会缩小，需要在部件标准样板基础上再制作一个加大板（标准板一圈加放3~5mm），做完工艺后再用标准样板进行裁剪，以免因为工艺使材料缩小而导致后期不可用。在大货制作时，需要分别打标准刀模与加大板刀模。

根据上一节折中板的制作情况，后期取板分两种情况：①母板底口保留内外腰差异，则取板时，侧饰片等部件要区分内外；②母板底口进行内外腰折中处理，折中结果如图5-5所示，取板时，内外腰部件在底口共线，同一部位只取一块纸板。本节取板过程示意图中区分内外腰，而纸板制取以单片为例。

一、鞋身（前大面）样板制取

分析效果图可知，本款为素头款式，且鞋身花纹单一。侧面板已进行素头降跷，因此，鞋身样板制取时直接取部件轮廓，再以背中线对称即可，无须标记不同花纹区域。

鞋身上车有装饰片及织带，因此，需要在样板上刻槽，定位装饰片及织带车缝位置，以便于后期依板画线进行帮面缝制。刻槽时需注意，一刀沿着部件轮廓割，另一刀为辅助线，辅助线需要刻在能够被遮挡的方向，同时做小三角缺口用以标记辅助线。

另外需注意，当两个部件进行较长距离的反接或者拼缝时，需要打几个对位点，对位点建议定在母板上，取板时在对应部件上分别做标记用于辅助后期车缝，对位标记点一般为向外或向内的三角形。制板示意图及制板结果如图5-18所示。

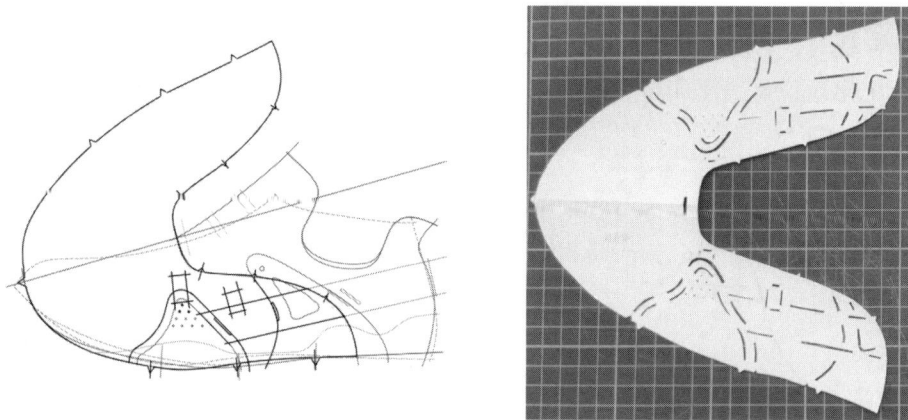

图 5-18 封闭式跑鞋前大面样板制板示意图及制板结果

二、后领口样板（内、外）制取

后领口样板对应于鞋身样板，二者组合成完整的鞋面，分析款式图可知，后领口与鞋身及后领口内、外腰背中线均采用四针六线拼缝工艺，因此，在制板时无须加放余量。按照母板中的部件轮廓及标记的对位点取板，制板示意图及制板结果如图5-19所示。

其中小三角均为车缝对位点，从背中线起逆时针分别为：后领口内腰、外腰拼缝对位点，后领口与前大面拼缝对位点，底口三角缺口为装饰片的起针对位点，领口内腰、外腰后弧拼缝对位点，上口为领口部件与翻口里的车缝对位点。

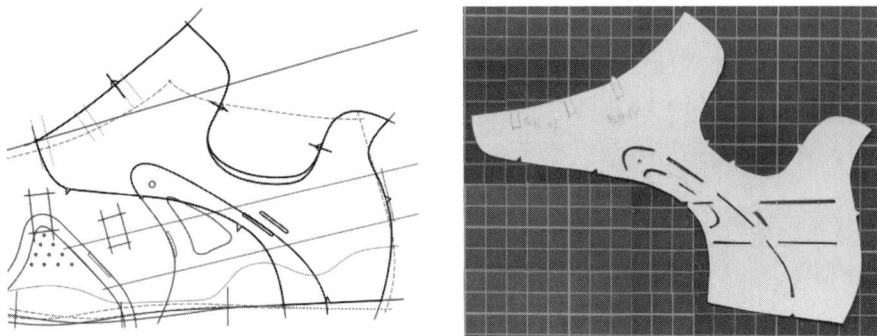

图 5-19　封闭式跑鞋后领口样板制板示意图及制板结果

三、边肚前饰片（内、外）样板制取

（一）边肚前饰片标准样板

边肚前饰片除了装饰作用外，还有加强飞织鞋身局部强度的作用，饰片上还有空压凹槽与电雕冲孔装饰。空压时需要在材料底下衬垫高周波或者高发泡材料，整体较厚，无须加补强材料；电雕孔位时，需注意在材料下衬垫同色的细布，这样电雕后不会漏出下面其他材料的颜色。

制取样板时，若底口有内外腰区别，则分别制取内外腰前饰片样板。以母板部件轮廓取板，标记出对位点、压印位置线（以扎锥增宽法标记）、电雕孔位，制板示意图及制板结果如图5-20所示。

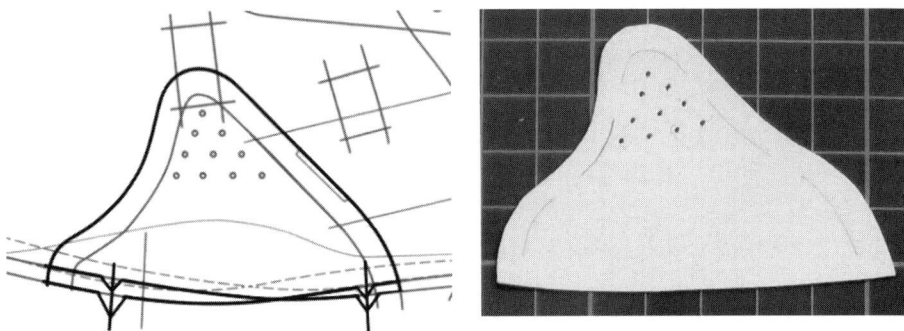

图 5-20　封闭式跑鞋边肚前饰片标准样板制板示意图及制板结果

（二）边肚前饰片加大板

当部件采用空压、印压、大面积的胶印、热切等工艺时，制作工艺时材料会有一定的缩小，需要制作加大板，以保证进行工艺处理后材料依然可用，节约成本。加大板一般在部件标准样板基础上，整体一圈向外加放3~5mm，工艺制作完成后，再以标准部件样板进行裁剪，因此，加大板可以不用区分内外腰，以面积最大的一边进行加大板制作，制板示意图及制板结果如图5-21所示。

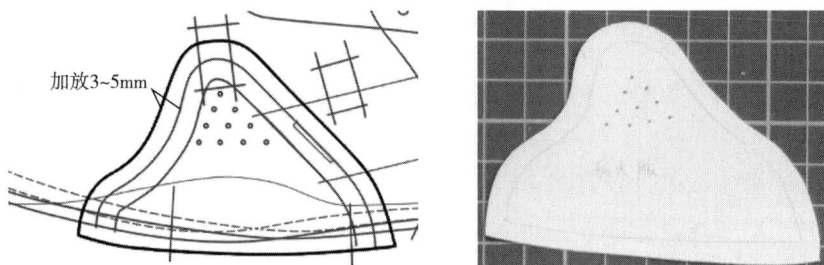

图 5-21 边肚前饰片加大板制板示意图及制板结果

四、边肚后饰片（内、外）样板制取

本款边肚后饰片采用软质TPU制作，其定型性与挺廓性较好，无须制作补强样板。饰片上有车线槽、装饰孔与镂空，取板时须进行标记，同时标记出拉帮对位点，制板示意图及制板结果如图5-22所示。

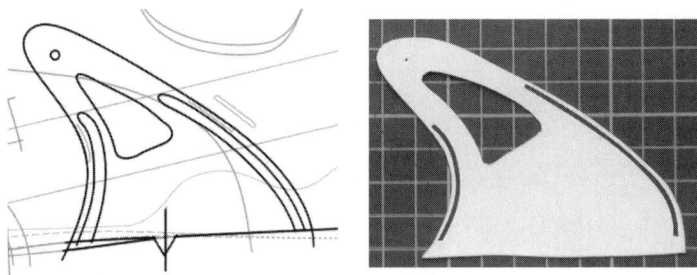

图 5-22 边肚后饰片制板示意图及制板结果

五、小织带样板制取

织带是近几年的流行元素，用在运动鞋设计中可以兼具装饰与穿鞋带的作用，织带宽度、花色可以联系对应厂家定制，小织带宽度约为6mm，制板时须定出织带长度、对折位置、被盖绲缝位置等所有辅助制作信息。如图5-23所示，对折位置用扎锥增宽方式，将对折线置于增宽槽中间位置，被盖位置刻槽标记，被盖量7~8mm。

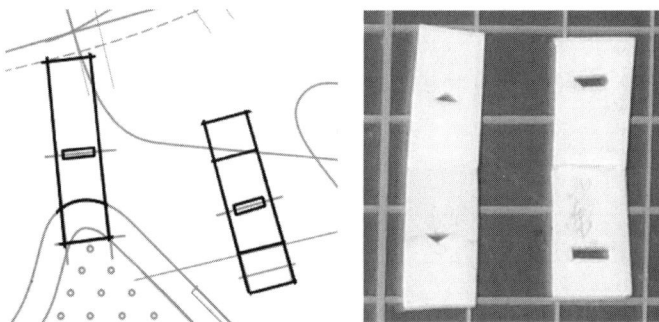

图 5-23 小织带制板示意图及制板结果

六、背中线织带样板制取

在装饰方面，背中线织带的色彩可以与帮面呼应，也可以采用较为鲜艳的"跳色"，起到装饰效果。

功能方面，背中线织带具有固定鞋带的作用，在鞋带交叉处，织带有一定的鼓起，因此，在制板时需要考虑鼓起量。

根据款式图，本款背中线织带宽度约为1.5cm，一般鼓起预留量为5mm左右，可根据试板效果调整预留量。样板制作时须定出织带长度、车缝线位置及反折位置等。以刻槽进行标记，为了使车缝线位置位于线槽中间，可以采用扎锥增宽进行。

分析三视款式图可知：

（1）织带有四处车缝线位置，如图5-24①②③④所示，车缝线为双线，间距约2.5mm，其中①处先车缝线再反折，避免织带边缘外露。

（2）织带有两处反折，需要刻槽标记反折位置。

（3）四处车缝线形成三个鼓起位置，鼓起预留量5mm。

织带样板制作过程如下：

（1）画1.5cm的平行线作为织带宽度。

（2）从左端截取7mm作为①处的折回位置，画2.5mm宽度为车缝双线位置。

（3）从上一步截取长度A，再加上5mm的鼓起预留量，在此位置画2.5mm宽度为②处车缝双线位置。

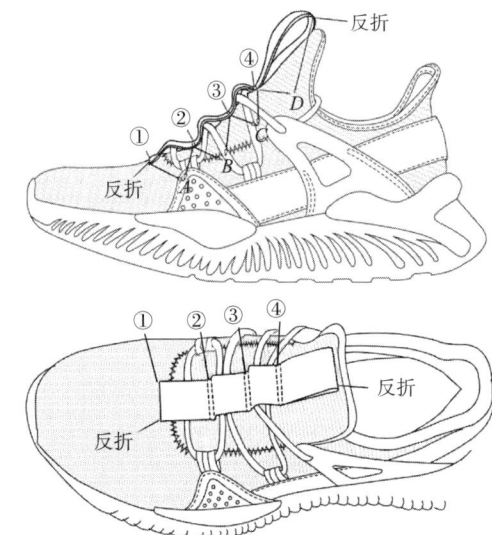

图 5-24　鞋身背中线织带制板分析图

（4）从上一步再截取长度B，再加上5mm的鼓起预留量，在此位置画2.5mm宽度为③处车缝双线位置。

（5）继续截取长度C，再加上5mm的鼓起预留量，在此位置画2.5mm宽度为④处车缝双线位置。

（6）再截取长度D，此处为上口反折位置，刻槽标记，再加上折回量D与缉缝被盖量7mm，完成织带样板制作，如下图5-25所示，之后按照母板所标记的缉缝位置缉缝织带。

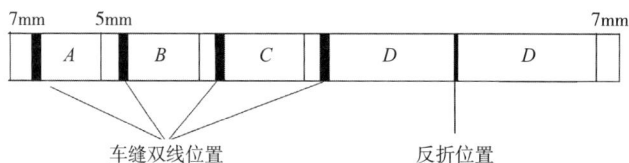

图 5-25　鞋身背中线织带制板示意图

七、后中片织带样板制取

后中片织带宽度约1.5cm，前面被前饰片所盖，需加7~8mm被盖量，织带内腰、外腰以后弧处对称，考虑弯折损失量，对称线为后弧线向外放出2mm，最后在织带上刻槽标记后饰片的缉缝位置，制板示意图及制板结果如图5-26所示。

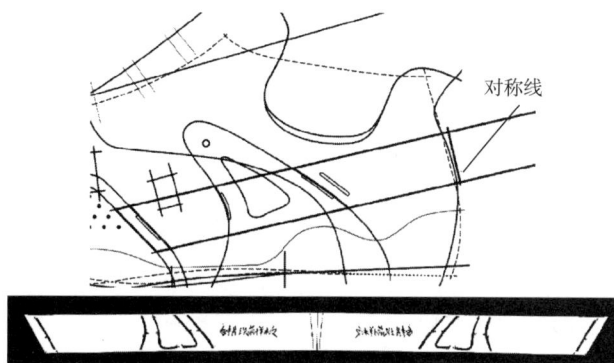

图 5-26 后中片织带制板示意图及制板结果

八、头衬补强样板制取

飞织面料柔软、透气性好，但成型性及强度相对较弱，在鞋头位置需要设计补强头衬，用于鞋头处的定型。鞋面采用飞织材料，可以省去内里，因此，鞋头处补强一般设计两种，稍小的补强为0.8~1.2mm热熔胶，较大的补强为天鹅绒（丝光布）定型布，先固定热熔胶，再固定定型布，定型布直接与脚接触，避免热熔胶磨脚。

制作定型布样板时，从母板底口向内缩进0.5cm，宽度为2~2.5cm，单侧长度6~7cm，弧线画出定型布轮廓；热熔胶样板参照图5-26，略小于定型布，可在两侧做两个凸起用制作工序的挂板定位，前尖做一缺口避免鞋头起皱，制板示意图及制板结果如图5-27所示。

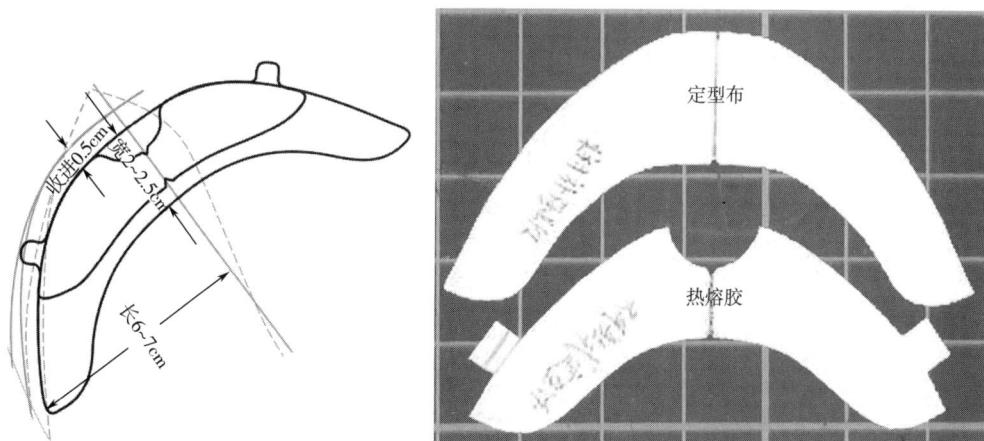

图 5-27 头衬补强制板示意图及制板结果

九、领口补强（内、外）样板制取

本款跑鞋鞋面采用飞织材料，需要在后身设计补强部件，用以增强成鞋的挺廓性与强度，分析款式图可知，本款后帮为飞尾（后仰）造型，一般飞尾类造型需要再额外设计一个小补强，以保证成鞋飞尾造型的定型性。

补强部件放置于鞋内，主要辅助成鞋的相关性能，在成品鞋中一般不会直接看到补强件，因此，补强件的取板精度要求不高，造型尺寸也没有严格要求。本款大小补强取板可参照如下步骤进行。

（1）大补强部件以母板为设计依据，上口向内缩进3mm左右（可不用区分内外），底口长度50mm左右，后弧造型取自母板后弧线，参照图5-28，以顺畅弧线画出大补强轮廓。补强无须对称处理，裁料时以样板裁下两块补强材料（丽新布），粘贴于面料对应位置即可。

（2）小补强主要用于飞尾造型的定型，材料为定型布，取板时以母板为依据，上口及后弧取自母板，造型可参考图5-29设计。

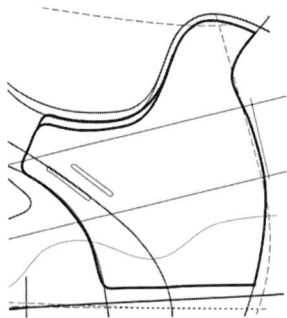

图 5-28　领口大补强制板示意图　　　图 5-29　领口小补强制板示意图

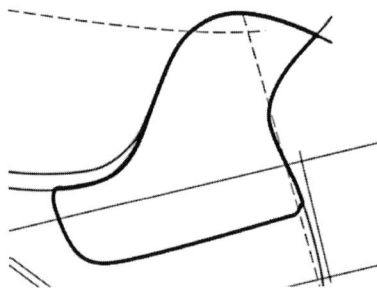

十、翻口里（后里布）与舌里样板制取

上述内容已提及，面料采用飞织材料做鞋身的，可以省去头里部件，但为了提高成鞋的舒适性会在上口设计领口海绵部件，因此需要增加后里布，用于放置海绵，本款跑鞋内里由舌里与翻口里组成。

翻口里与舌里采用反接工艺结合，样板设计时须先确定二者的反接位置，为保证成鞋内里的平整性，一般取板时会从反接位置线收进2~3mm（使内里收短一些），分别取板后再在反接处加4~5mm的反接量。

（一）舌里

本款为封闭式结构，为保证成鞋良好的穿脱性，内里应选择弹力较大的材料，因此在取板时从反接位置线缩减2~3mm，同时可以省掉反接量，以保证成品内里的平整性，后期根据试板情况调整反接量的加放。

制板时先定出舌里与翻口里的反接位置线（足踝靠前位置），再定出整个后里的长度位置线，一般在口门位置附近，曲线画至鞋舌长度位置正下方，内里部件设计主要考虑成鞋舒适性与工艺合理性，尺寸数据没有固定。本款内里部件设计可参考图5-30进行。

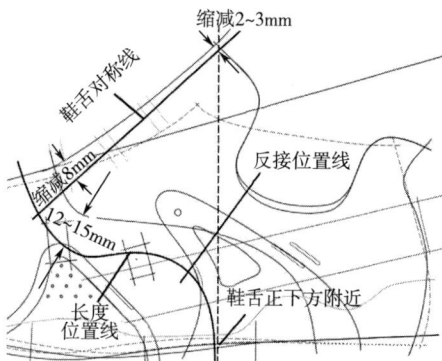

图5-30 封闭式跑鞋内里轮廓设计示意图

舌里在背中线处内腰、外腰对称，取板方法如下。

（1）将背中线上端收进2~3mm，鞋舌长度位置处收进7~8mm，以此作为鞋舌对称线，如图5-30所示。即内里在长度上是被缩减的，主要由于内里相较于帮面本身偏短，加之内里材料弹力较大，因此，内里部件缩短处理有利于成鞋内里平整。

（2）确定好舌里对称线后，需依母板鞋舌造型调整舌里轮廓线，一是使得轮廓线垂直于鞋舌对称线，即对称取板后，对称线处平顺；二是根据母板鞋舌宽度调整舌里宽度。

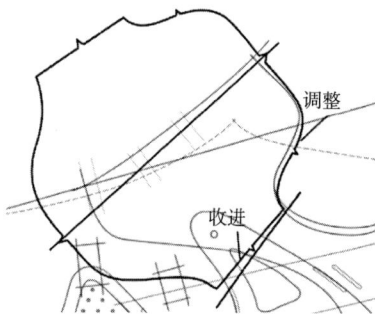

图5-31 封闭式跑鞋舌里制板示意图

（3）由反接位置处收进2~3mm，与翻口里反接处设定一对位点（反接线的中点）。

（4）在样板上标记好各对位点与中心点，即可完成舌里样板制作，如图5-31所示。

（二）翻口里（后里布）（视频5-2、视频5-3）

后里布部件与后领口部件的常见工艺为反接，再进行翻折，故称为"翻口里"。本款领口上口工艺为捆边（包边）工艺，捆边操作一来可以连接翻口里与后领口部件，二来可以防止针织类材料边缘起毛，工艺不同，后续制取翻口里样板需要加放的底口余量不同。

翻口里（后里布）制板时需要进行旋转操作，手工取板时一般先以母板复制一份原始部件，样板制取过程如下。

（1）确定翻口里的边界线，左侧边界为与舌里的反接位置再向内收进2~3mm（正常不必收量，材料弹力较大可适当收进），下端一般在鞋舌下方附近。

（2）确定翻口里的对称线，即后仰弯点与下口收进约6mm连线为对称线。

（3）确定旋转中心，旋转中心可选取2~3个，位于与后仰处水平对应的部件边缘，如图5-32所示。

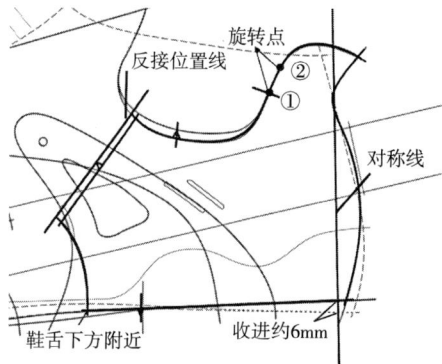

图5-32 翻口里旋转取跷1

（4）旋转取跷，首先画出旋转点之下的部件轮廓，再以旋转点①逆时针旋转样板，使超出对称线部分的上口靠近对称线一些，接着画出①②旋转点之间的轮廓线，再以旋转点②逆时针旋转样板，使得飞尾末端超出对称线2~3mm停止，描画剩下部件轮廓完成旋转取跷，如图5-33所示。

视频 5-2
外翻式翻口里挖洞法取板

视频 5-3
外翻式翻口里旋转法取板

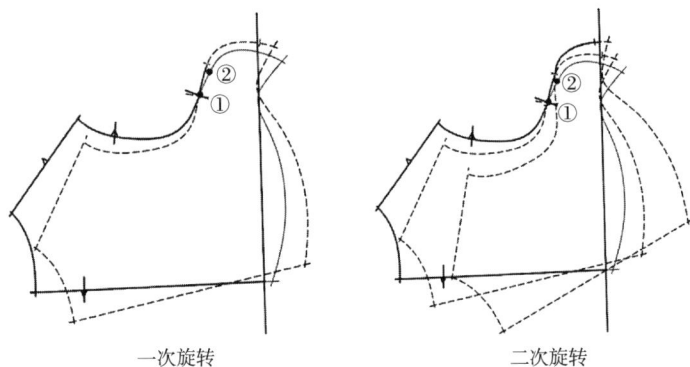

一次旋转　　　　　二次旋转

图 5-33　封闭式跑鞋翻口里旋转取跷 2

（5）加放余量，对称割下，本款上口采用捆边工艺，因此仅在底口加放3~5mm余量（常规后里翻缝工艺加8~10mm），舌里与翻口里制板结果示意如图5-34所示。

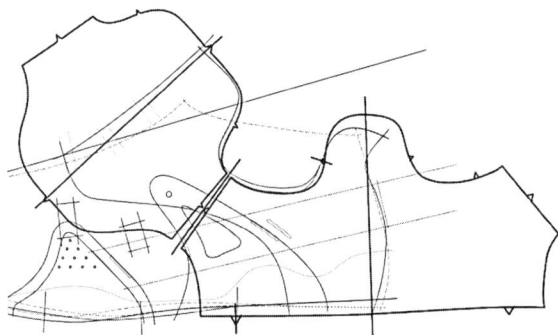

图 5-34　封闭式跑鞋舌里与翻口里制板结果

（6）应用说明：飞尾式制板可采用上述方法进行，但数据根据实际情况进行调整。如本案例中舌里与翻口里反接，一般须加放4mm左右反接量，但由于本款飞织材料弹力较大，并未加放反接量，且从反接位置进行缩减，因此，实际应用时一定要根据试板情况进行调整。

十一、后港宝与领口海绵（后海绵）样板制取

跑鞋上口大多都会设计海绵部件，领口海绵可以提升鞋子的穿着舒适性，减少运动过程中鞋子上口对脚的摩擦伤害。本款跑鞋无后套部件设计，鞋后身的稳定性主要依靠港宝实现，由于后港宝材料比前港宝材料更厚、更硬，为了防止后港宝磨脚、卡脚，需要领口海绵遮住港宝上口，因此，后港宝和领口海绵样板相互关联、一起制作。其制作要点如下。

（一）领口海绵

由于本款后帮上口为后仰造型，海绵样板也需根据上口造型进行制板。因此，海绵制板时以取跷后的翻口里样板为参照。

（1）约取后帮高度中点为海绵宽度位置。

（2）海绵长度取至足踝位置附近。

（3）上口造型以取跷后的翻口里为依据，向内收进3mm左右（以翻口里样板制取上口海绵）。

（4）为了避免后仰处褶皱，海绵在外翻位置附近做一缺口。

（5）海绵对称线与翻口里对称线共线。

（二）后港宝

（1）港宝高度为后帮高中点向上12~15mm，即海绵与港宝重叠12~15mm。

（2）底口由母板底口向上收进3~5mm，便于拉帮车缝。

（3）港宝在底口处的长度约70mm，由长度位置弧线连接至港宝高度点。

（4）将港宝部分的后弧线分成三份，中点处向内收进约3mm，上面两份连接成直线为港宝对称线，最后一份以母板后弧画出。

领口海绵与后港宝均为辅助型次要部件，主要功能是提高鞋类产品舒适性与强度，成品鞋中不会看到其造型，因此，此类部件制板要求不高，不同板师有各自的取板方法，本案例所述取板方法如图5-35所示。

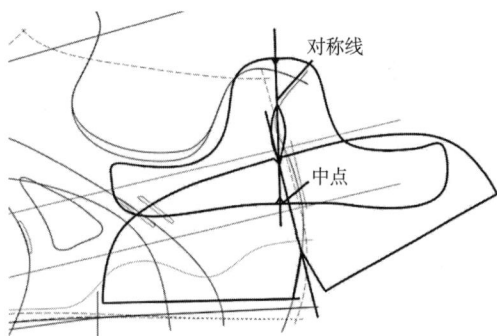

图5-35　封闭式跑鞋领口海绵与后港宝制板示意图

本章小结与综合练习

本章小结

重点：掌握套楦工艺下半面板的制作方法；

理解并掌握拉帮对位点的标定方法与意义；

理解并掌握拉帮衬的内缩处理方法与意义；

掌握封闭飞尾式跑鞋结构图的绘制方法；

掌握飞尾造型跑鞋全套样板制作方法。

难点：理解并掌握拉帮衬的内缩处理方法与意义；

能够根据款式与材料变化调整相关制板参数；

能够以本案例为基础，掌握封闭飞尾式鞋类的制板技术；

能够在制板中进行以人为本、服务生产的制板细节处理。

综合练习

实训目的：通过综合实训练习，掌握后帮飞尾造型跑鞋的制板方法与技巧，主要掌握的知识及技能要点如下：

1. 飞织类跑鞋的设计特点与结构特点；

2. 套楦工艺下侧面板的制备方法；

3. 封闭式飞尾类外框的绘制方法；

4. 拉帮衬内缩处理方法；

5. 素头类降跷及底口缩口处理方法；

6. 封闭式内里的制板方法。

实训要求：能够根据成品实物、照片、款式图完成结构图绘制与结构设计，并根据工艺要求制作全套样板。

实训内容：以本章案例学习为基础，根据下列成品款式图或原创设计图完成对应的结构设计与全套样板制作。

学生开板案例作品：

实训参考案例一（图5-36、图5-37）：

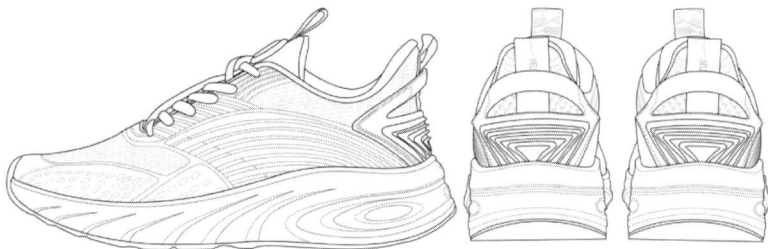

图 5-36　封闭飞尾式轻便跑鞋练习款式图 1

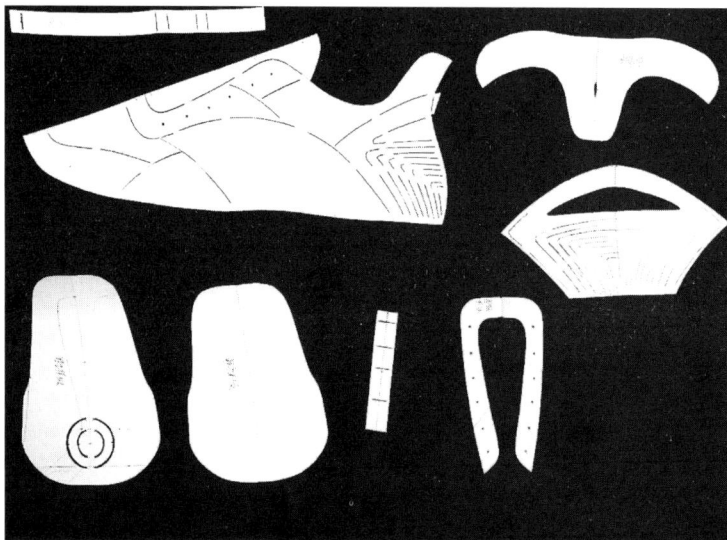

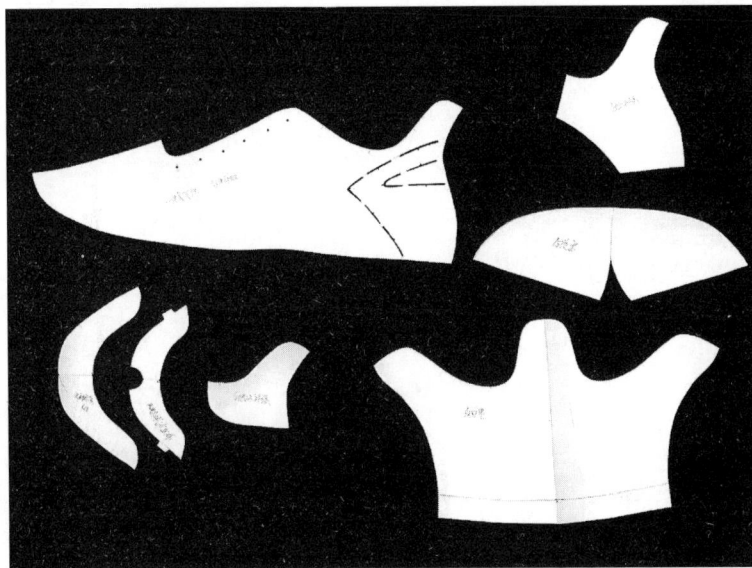

图 5-37 封闭飞尾式轻便跑鞋学生练习作品 1

实训参考案例二（图 5-38、图 5-39）：

图 5-38 封闭飞尾式轻便跑鞋练习款式图 2

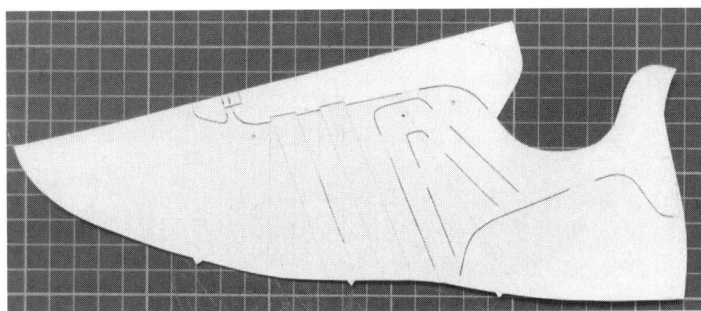

图 5-39

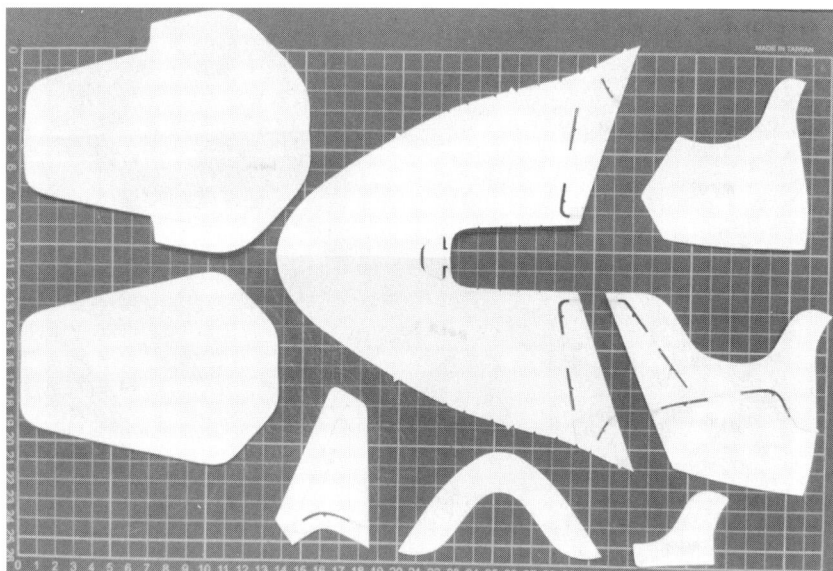

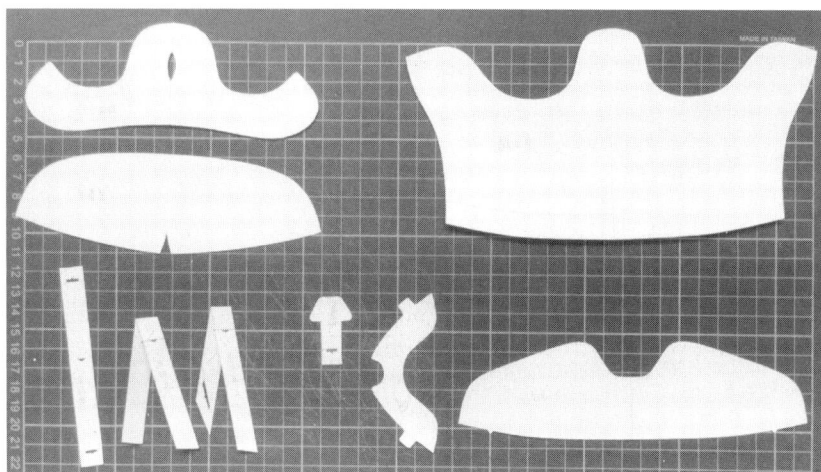

图 5-39　封闭飞尾式轻便跑鞋学生练习作品 2

实训参考案例三（图 5-40、图 5-41）：

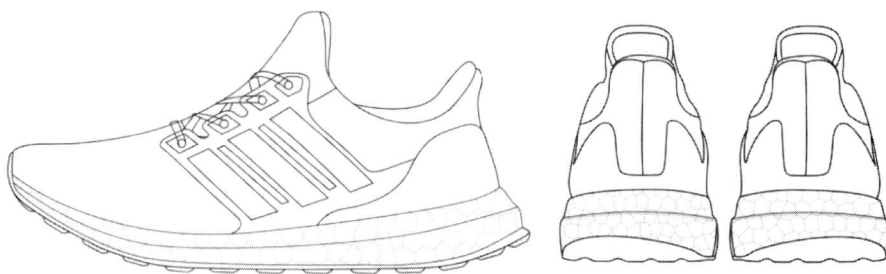

图 5-40　封闭飞尾式轻便跑鞋练习款式图 3

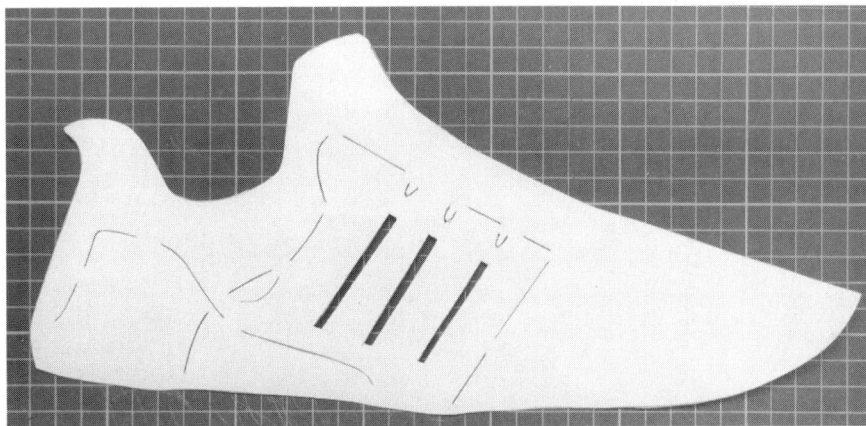

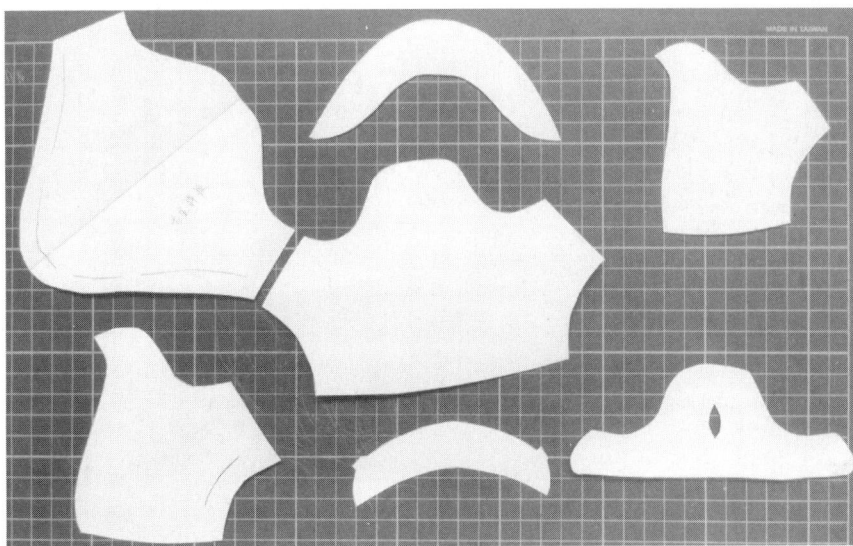

图 5-41 封闭飞尾式轻便跑鞋学生练习作品 3

第六章

中帮篮球鞋结构设计与制板

课题名称： 中帮篮球鞋结构设计与制板

课题内容： 1. 半面板处理（套楦工艺）

2. 中帮篮球鞋结构图绘制

3. 中帮篮球鞋结构设计与样板制取

4. 本章小结与综合练习

课题时间： 16 课时

教学知识目标： 1. 理解并掌握侧面板的两种折中处理方法

2. 掌握中帮款式基础外框的绘制方法

3. 理解并掌握一体式结构内里的设计意义与制板方法

4. 理解并掌握中帮、高帮鞋舌跷度处理的意义与方法

教学能力目标： 1. 能掌握一体式结构内里的设计意义与制板方法

2. 能根据款式与材料变化调整相关制板参数

课程思政目标： 1. 树立科技创新意识：篮球鞋设计融合多功能性，介绍各品牌核心技术，重视科技创新与原创设计

2. 深化爱国情怀与民族自豪感：查阅资料并交流汇报，了解国产篮球鞋创新历程，感受从"中国制造"到"中国智造"的转变，深化爱国情怀与民族自豪感

教学方式： 教师通过演示文稿（PPT）图文讲解、实物鞋现场分析、视频观看及现场演示等形式，帮助学生学习基础理论知识与相关实践技能，学生在理解的基础上进行讨论、汇报与综合练习，最后教师再根据学生的提问及练习中存在的问题逐一分析解答

课前（后）准备： 课前了解本章学习内容安排，提倡学生多查阅篮球鞋相关文献，了解国内外篮球鞋品牌，梳理篮球鞋设计特点及各大品牌核心竞争力，了解当下篮球鞋材料与工艺特点。课后要求复习相关内容，完成综合练习，掌握所学理论与技能要点

篮球鞋，顾名思义是为了篮球运动而专门设计的鞋子。在篮球运动所造成的运动损伤中，以足踝扭伤最为常见。因此，篮球鞋为了增加对脚踝的防护性，多为中帮款式。

篮球运动是一项对抗性激烈、强度较大的运动项目。运动过程中有急停、急跑、起跳、落地等动作，这就要求鞋子外底具有良好的防滑性，中底具有良好的减震性，同时鞋腔要紧紧缚住脚，以防跑动时脚在内腔打滑。同时，为了保证鞋面的强度，因此所采用的材料较厚，补强应用多。后跟部位为了稳定后身、防止扭转，通常会设计较大的后套部件，同时配合较厚的港宝，因此在制板时需要适当加大材料厚度预留量。

第一节　半面板处理（套楦工艺）

篮球鞋的大底设计为了增强防护性与抗扭转性，底墙在腰窝部位及之后都较高，因此，面板与底板在底口的拉帮线基本可以被底墙盖住，可根据具体情况决定底板是否进行内缩处理。

也可将工艺设计为半套楦，即口门位置之前的帮面部件进行绷帮操作，其余部分进行拉帮处理。特别是鞋头为素头结构时，半套楦工艺更有利于鞋面伏楦。

在本案例中，如图6-1所示，鞋头是常规的C型前套，可以取部件工艺跷，母板可不必降跷处理，后期套楦操作时，伏楦性较好；底墙在鞋头处较低，底板进行适当内缩，鞋面采用革料，伸缩性较小，因此在面板底口对应加量；专业篮球鞋为了增强鞋腔的抱脚性，内里会设计为一体式结构。综合考虑以上因素，本款篮球鞋的半面板处理过程如下。

图6-1　中帮篮球鞋款式图

一、面、底相关点线的标画

按照一般方法进行贴楦，先贴楦面，再贴楦底，全部满贴。贴楦底时可以纵向贴1~2条美纹纸，再横向贴满，也可直接全部纵向将楦底面贴满。然后用铅笔画出面、底交界线。楦体前段，用铅笔与楦体呈约45°角沿着楦边棱描画即可完成，腰窝及后段有的楦体边棱呈较为圆顺弧面，需要注意依着楦体造型，根据前段描画边界线及经验画出腰窝及后段的面、底交界线。之后进行楦面与楦底其他辅助点线的标画。

（一）拉帮对位点的标画

本案例采用全套楦工艺，贴好楦体后，需要在底板标出拉帮对位点，以辅助后期工人拉帮操作，提高拉帮工序的工作效率，拉帮操作如图6-2所示，拉帮点的标定方法同第五章第一节，此处不再赘述，标定结果如图6-3所示。

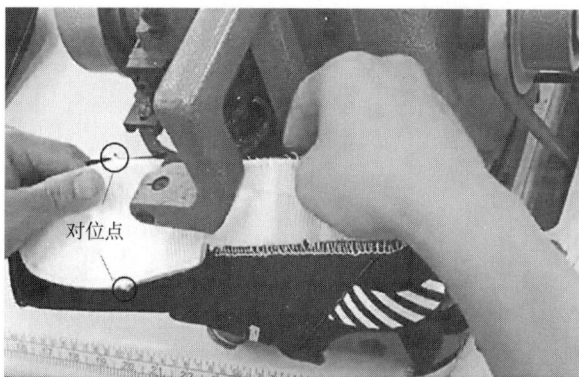

图6-2 中帮篮球鞋拉帮操作

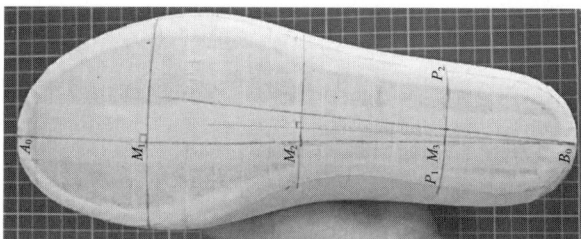

图6-3 中帮篮球鞋拉帮对位点标定结果

（二）楦面相关点线标画

在楦面上需标画头厚点J、后跟凸点D、背中线、后弧线、距围线与头厚线，如图6-4所示。接着用刻刀沿背中线、后弧线割开楦面美纹纸，接着将美纹纸分片揭下展平，得到内腰展平板、外腰展平板与底板展平板，如图6-5所示。

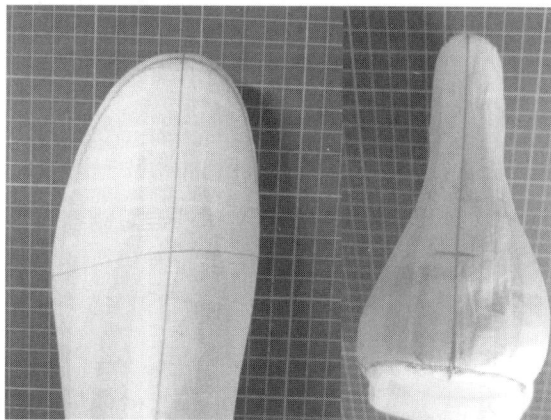

图6-4 中帮篮球鞋楦面相关点线标画

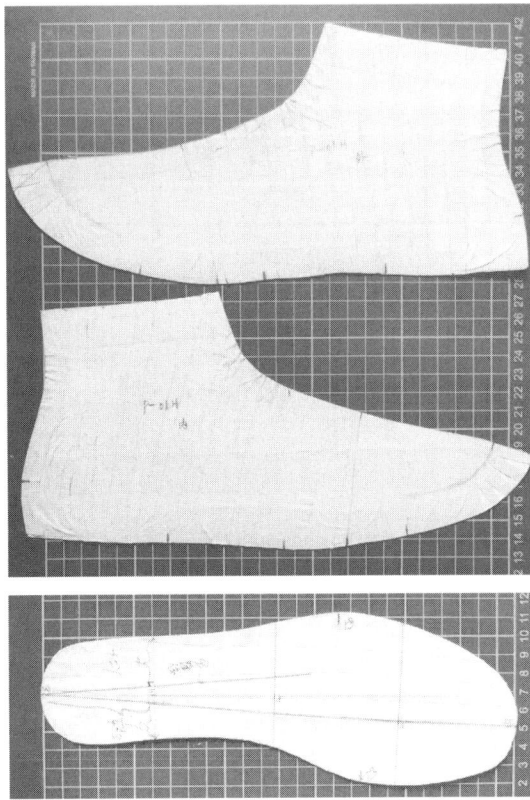

图 6-5　中帮篮球鞋揭楦展平

二、折中处理

对上一步的内腰、外腰展平板进行折中处理，折中方法同第一章第三节。背中线、后弧线取中线，因为后期采用套楦工艺，对样板的精度要求更高，所以在底口需要考虑内腰、外腰本身的差异。对于内腰、外腰底口的差异，有两种处理方式，本案例选择方式一。

方式一：保留内外展平板原本差异，不做处理，对应的底板在此步也不用处理。此时面板底口有内腰、外腰两条边线，在取板时，如侧饰片部件，要分别以两条边线制取内腰、外腰侧饰片样板，折中结果如图 6-6 所示。

方式二：将底口差异取中线，则在前掌部位，外腰面板因取中线而被缩减，内腰对应被加大，而在腰窝部分，外腰面板

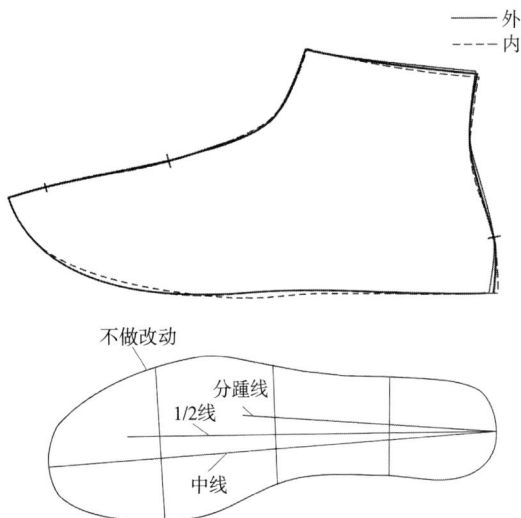

图 6-6　中帮篮球鞋面板底口折中处理 1

因取中线被加大，内腰对应被缩减。底口取1/2线后，面板底口只有一条线，后续取板相对方便，但须在底板对应位置，加放面板缩减量、缩减面板加大量，使面、底相加的总面积不变，最后将处理后的底板线条修顺，完成第二种折中处理，具体同第五章第一节，折中结果如图6-7所示。

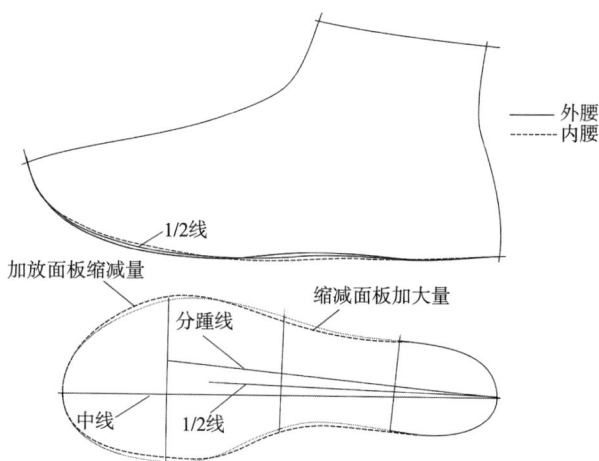

图 6-7 中帮篮球鞋面板底口折中处理 2

三、底板（拉帮衬）内缩处理

底板（拉帮衬）内缩处理是为了保证后期拉帮线能被底墙盖住8mm以上，保证成鞋的美观与强度。在本案例中，如图6-1所示，前段底墙较低，因此对底板进行适当的内缩处理，之后在面板对应位置补加缩减量（补加量取决于面料弹力，弹力大无须补加），此处需根据试板情况来调整面板底口的处理量。

根据底墙情况选择对底板进行一定内缩，内缩范围在第2个对位点至前尖之间，因此面板底口加放范围也应在第2个对位点至前尖之间。后跟（约后1/4处）进行拉直处理，腰窝部分略微补足一些量，避免腰窝处的偏短不足现象，可根据试板进行调整，底板内缩结果如图6-8所示。

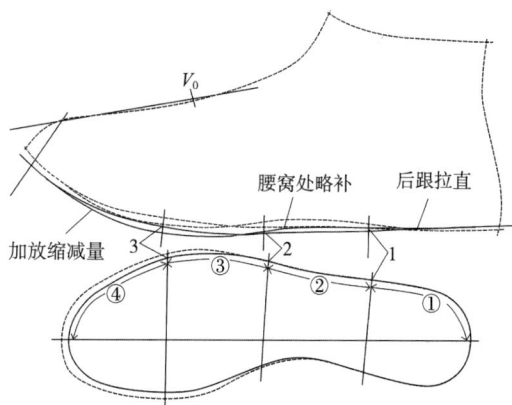

图 6-8 中帮篮球鞋底板内缩、面板对应加量示意图

四、拉帮对位点重新确定

拉帮对位点在贴楦后标定，原本为面板底口边缘与底板边缘处于同一位置的一一对应的点，但后期经过面板降跷、底板内缩等操作后，原本一一对应的位置会发生偏差，因此需要重新确定拉帮对位点。同时，若面板底口一圈周长大于底板一圈周长较多（即帮面车

缝好后底口一圈长度大于拉帮衬一圈周长）时，需要用缩头机对面板底口一圈长度进行缩减，以保证面、底长度相当，便于拉帮操作。

重新确定拉帮对位点的具体操作同第五章第一节所述，此处做以下三点说明。

（1）本案例帮面采用全革料，款式为常规C型前套的结构，制板时前套可取工艺跷，因此面板底口长度不会偏长太多（素头款式偏长量较大）。

（2）3个拉帮对位点将底板内外腰均分成四份，由后跟中点起至前尖中点分别记为①②③④，一般后跟起的第①部分，面长于底5mm以内可不做调整（此偏长量为后期加放的材料厚度量），第②、第③部分面、底等长利于操作，可以通过比对调整（即将面部对位点重新标于底部），前尖处的第④部分，面长于底15mm以内，都可以顺利拉帮，因为前尖部位呈壳状曲面，面板需要更长的距离。

（3）偏长量主要体现在前尖处的第④部分，偏长过多可以通过降跷处理或机器缩头处理解决。但一般有常规前套的款式不会偏长过多（部分偏长量可通过小切口解决）。对于素头款偏长量较多时，材料弹力大的可以通过增加降跷量解决，弹力较差的则需要用到缩头机处理。

第二节　中帮篮球鞋结构图绘制

通过本章第一节的学习，我们得到了符合本次样板制作要求的半面板，在此基础上，本节将依据款式图进行对应结构图的设计与绘制，完成母板的制作。本案例以42码为例（男款篮球鞋试板常取42码）。

一、中帮篮球鞋外框绘制

外框绘制具体做法可参照第一章第四节中介绍的基线设计法与经验数据法，基础结构框架绘制如图6-9所示。

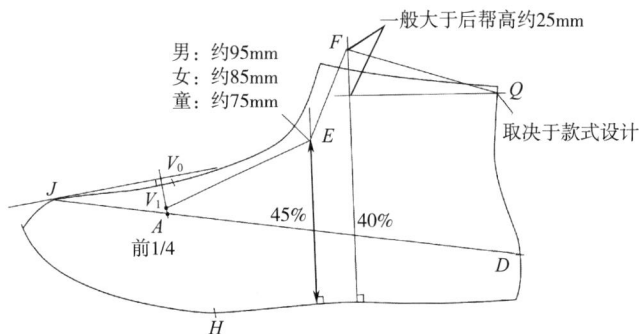

图6-9　中帮篮球鞋基础外框示意图

由本案例款式图（图6-11）可知，鞋口为曲线造型，在拐点附近设计为内凹曲线，方便脚腕处的弯折运动，后帮为单峰造型。另外，为了提高篮球鞋内里的抱脚性与舒适性，将内里设计为一体式，即将头里、后里等拼接在一起组成一体式内套。翻口里与鞋面采用翻缝操作工艺，一般需要在底口加放13~15mm的翻缝损失量，头里与翻口里拼接时会有高度落差，制板时需要在底口顺连，消除落差。此时，为了避免落差较大，可以在底口少加翻缝损失量，如加放8mm左右，不足部分加放于翻口里上口位置。以基础框架结合本案例款式图画出外框，如图6-10所示。

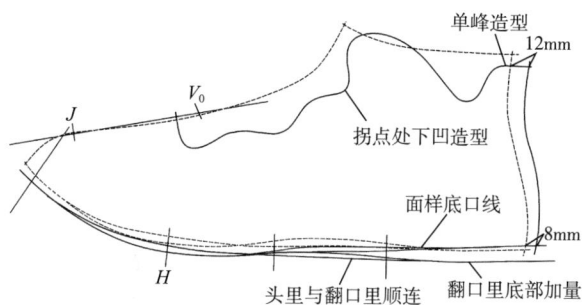

图6-10　中帮篮球鞋外框绘制结果

二、篮球鞋结构图绘制

结构图是样板制取的基础，结构图绘制一定要严格参照款式效果图进行，本案例三视款式效果图如图6-11所示。

图6-11　中帮篮球鞋三视款式图

（一）三视款式图分析（以42码为例）

（1）由侧视图（内、外）可知，该款式内腰、外腰为不对称设计，主要体现在工艺不对称。为节约成本，外腰饰有电雕冲孔与万能针车车缝线，内腰无装饰。

（2）鞋头为常规C型前套设计，工艺跷取在楦体头厚处约35°。

（3）后套及万能车缝线造型与上领口造型协调且呼应。

（4）由俯视图可知，鞋舌上设计有两个装饰片及织带。

（5）后方设计有提带，边肚（鞋身）部件在后弧处可不加余量进行拼缝结合。

（二）结构图绘制

结构图绘制主要参照三视款式图进行，结构设计主要体现在内里、鞋舌等款式图中不可见部件的设计上。结构图绘制依然采用第二章第一节讲述的"孔位参照法"，即先根据款式图定出鞋孔位置，然后将其他部件的特征部位与地面画垂线，再与鞋孔进行比对定位，本案例结构图绘制步骤如下。

1. 前套部件

前套部件起始位置为楦头厚J点向后3~5mm，起始一段与背中线垂直，长度约至口门处，完成后在其上方绘制出前套饰片。

2. 边肚前饰片

边肚前饰片上设计两个拉绳，起装饰与穿鞋带作用。饰片前端起点位置约在前套饰片宽度位置，后端终点位置在第4孔位附近，依款式图画出边肚前饰片造型。

3. 后套部件

后套部件造型与上领口造型呼应，为单峰结构，后套高度约在整个后帮高的2/3位置处，后套长度约在倒数第2鞋孔位置，依款式图与领口造型，画出后套部件结构。其中，外腰还设计有装饰片与万能车缝线，其造型参照后套与领口造型画出。

4. 护眼饰片（边肚饰片）

护眼饰片位于中间3个鞋孔处，下面车缝3个织带用于穿带，护眼饰片上口造型与鞋口弧线呼应，护眼下口造型与万能车缝线造型呼应，依款式图画出。

5. 内外腰区别

本案例中内外腰的区别主要体现在内头饰片（前套饰片）及底口处，内头饰片内腰高于外腰约1.5mm，底口区别取决于楦体展平板，结构图绘制结果如图6-12所示。

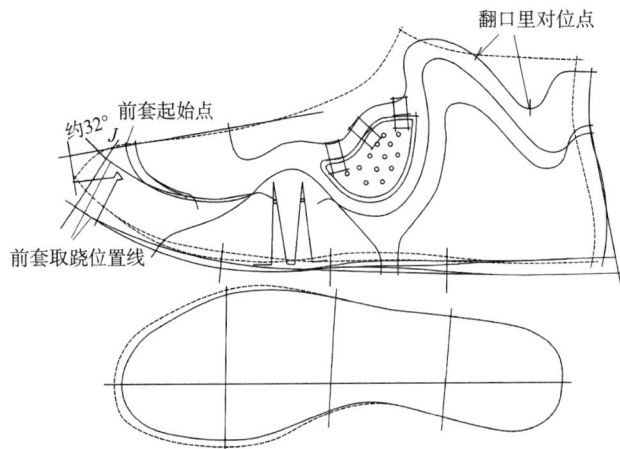

图 6-12　中帮篮球鞋结构图

第三节　中帮篮球鞋结构设计与样板制取

取板之前首先将结构图转换为划线板（母板）。母板是制取后续所有样板的依据，因此务必精准，以降低误差。推荐采用扎锥增宽法进行制作，即用刻刀沿结构线割开，再用扎锥进行增宽，需注意保留特征部位曲线造型（特征部位不停刀），划线板（母板）制作如图6-13所示（视频6-1）。

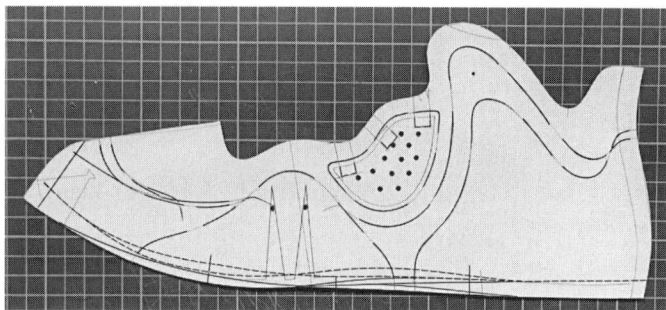

图 6-13　中帮篮球鞋母板

视频 6-1
结构图绘制与
母板制作说明

一、前套（外头）与前港宝（头衬）样板制取

（一）前套（外头）样板

此款篮球鞋前套为常规C型前套，取板时采用直接取跷法，方法同第二章C型前套慢跑鞋中前套的取跷，在母板中已画出取跷位置线。

取跷操作即使前套起始一段与新的对称线垂直，为保持前套原本宽度不变，在底口补足一定面积，且使底口曲线流畅。

前套部件被边肚前饰片所盖，需要加放7~8mm被盖量，且在底口刻三角缺口予以标记被盖位置；同时，做出内头饰片缉缝位置标记点；对称取板时，双层卡纸以最大轮廓割下，再注意区分前套内外腰线条，在内腰底口做三角标记，制板结果如图6-14所示。

说明：在本案例中，对部件取板进行内外腰区别处理，一般企业采用电脑制板时会做此区别，手工取板时，可不做部件内外腰区别，以外腰为准即可。

（二）前港宝（头衬）样板

前港宝也叫头衬，放置于鞋头部位，主要用于稳定鞋头造型及保护脚趾，常用材料

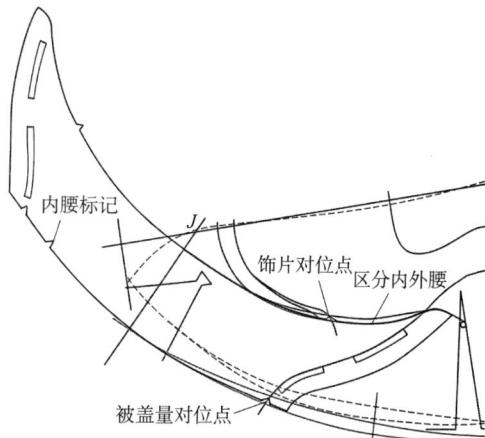

内腰标记

饰片对位点

区分内外腰

被盖量对位点

图 6-14　中帮篮球鞋前套（外头）制板

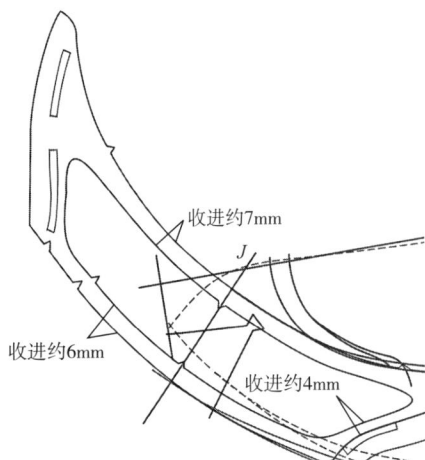

收进约7mm

收进约6mm

收进约4mm

图6-15　中帮篮球鞋前港宝（头衬）制板

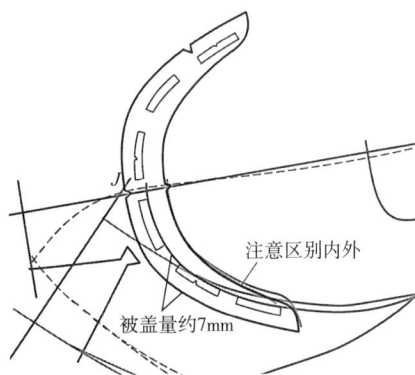

注意区别内外

被盖量约7mm

图6-16　中帮篮球鞋内头饰片制板

有热熔胶和定型布。鞋面为革料时，常用热熔胶，放置于面、里部件之间；鞋面为三合一网布时，常用定型布，没有内里部件可直接热压与网布结合。

对于有前套部件的款式，头衬部件可依前套样板取板，没有前套造型的素头款式，一般取月牙型，如第五章案例。本案例款式为有C型前套，则头衬依前套样板进行取板，如图6-15所示。

（1）底口一边缩进约6mm，避免拉帮处过厚。

（2）前套上口一边缩进约7mm，正好与饰片相接（饰片有前加放约7mm被盖量），避免前套部件车缝线处过厚。

（3）由前套被盖位置收进约4mm，避免搭接位置过厚。

二、内头与内头饰片样板制取

（一）内头饰片样板

内头饰片为装饰部件，也可根据个人习惯命名为"前套饰片"等，取板时取双层卡纸以最大轮廓画出，被盖位置加放7mm左右被盖量（与头衬恰好拼接），再以母板做出内、外区别，内腰底口及对称处做三角缺口标记，被盖位置刻槽标记，如图6-16所示。

（二）内头样板

鞋身的前半部分，行业一般称为"内头部件"，鞋身后半部分，习惯称为"边肚部件"，内头与边肚通过拼接或反接组成完整鞋身，其他部件按照标志线车缝于上面，完成鞋子的车缝工序。本案例内头部件的制板步骤如下。

（1）在母板上定出内头与边肚反接位置，依母板画出内头部件外轮廓。

（2）内头被前套所盖，一般被盖量加放约7mm，但本款设计有内头饰片，因此内头被盖量应与饰片错开，本案例内头被盖量加放约14mm。

（3）内头被盖量位置恰好位于鞋头头厚处，为避免成型时起皱，可在被盖量位置做缺口用于消皱。

（4）前套、边肚饰片车缝于内头部件上，需刻槽标记处其车缝位置。

（5）内头与边肚采用反接，需加放5mm左右反接量，同时为了避免反接后边角外露，将反接处进行打角处理。

（6）内头上饰有冲孔，需在样板上标记出冲孔位置，制板结果如图6-17所示。

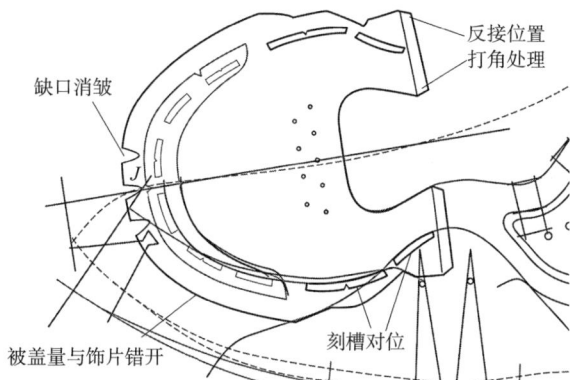

图 6-17　中帮篮球鞋内头制板

三、边肚饰片及其补强样板制取

边肚饰片为最上层样板，前面盖住前套，后面盖住边肚，取板时按照母板取出其外轮廓即可，如图6-18所示。在底口可进行内外腰区别处理，也可以外腰为准，之后在样板上标记出相关部件缉缝对位点及拉帮对位点，完成边肚饰片制板。

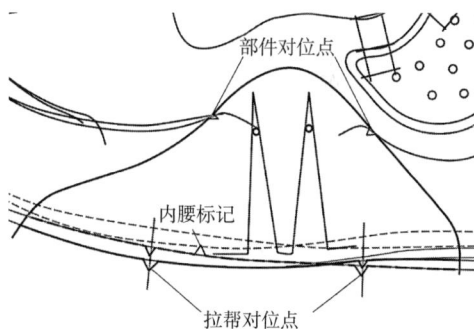

图 6-18　中帮篮球鞋边肚饰片制板

取完边肚饰片样板后，接着以饰片样板为基础，制取其补强样板，将饰片车缝线一周内缩约4mm，底口向内缩进约5mm，制板如图6-19所示。

四、边肚内、外及后边侧（外）样板制取

分析款式图可知，本案例在后边肚部位内外腰为不对称设计，内腰省去后边侧部件。因此此部分样板制取必须区分内外腰进行。此种不对称为工艺不对称，主要是为了降低成本，仅在外腰做装饰性工艺。

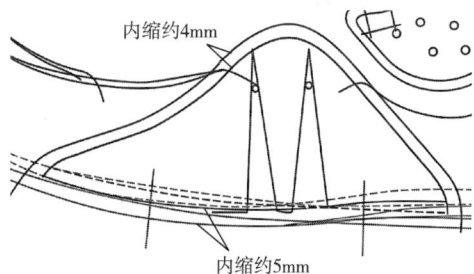

图 6-19　中帮篮球鞋边肚饰片补强制板

（一）外边肚样板

外边肚前面与内头反接，边肚饰片、护眼饰片、织带及后边侧部件均车缝于外边肚之上，制板示意图如图6-20所示，制板步骤如下。

（1）上口取自母板上口轮廓，如图6-20①所示。

（2）前端取至内头位置，且宽度与内头反接处同宽，加放4~5mm反接量，同时反接处打角处理，如图6-20②所示。

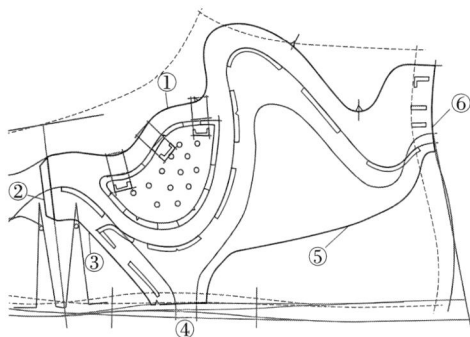

图 6-20　中帮篮球鞋外边肚制板

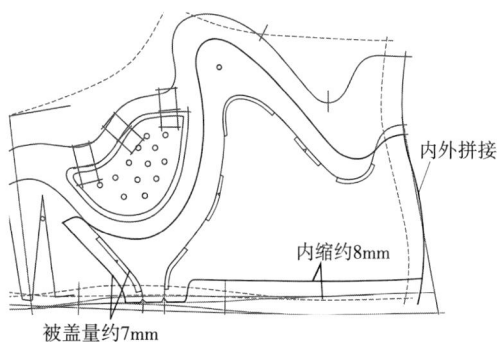

内外拼接

内缩约8mm

被盖量约7mm

图 6-21　中帮篮球鞋后边侧制板

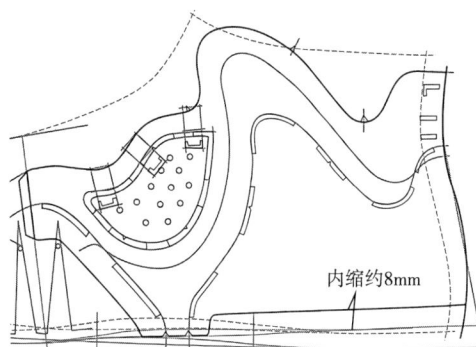

内缩约8mm

图 6-22　中帮篮球鞋内边肚制板

（3）由与内头同宽处顺势取至底口，同时注意距离边肚饰片边线稍宽一些，与后边侧（刻槽位置）部件错开，如图6-20③所示。

（4）底口取外腰底口线，注意不要取最外的边里底口线，如图6-20④所示。

（5）外边肚上层有后边侧、后套部件，因此，在此处减掉部分后套面积，以免后套底口局部过厚，如图6-20⑤所示。

（6）后弧依母板画出，因为此处有设计织带，后弧可进行拼接处理，不必加放余量，如图6-20⑥所示。

通过以上步骤得到外边肚的部件轮廓，结合款式图，将车缝于外边肚上的部件进行刻槽处理，其中包括护眼饰片、护眼织带、外边侧及后跟提带，最后标记出翻口里的起针位置与反缝对位点，完成外边肚部件的制板。

（二）后边侧（外）样板

后边侧制板如图6-21所示，根据款式图可知，外腰设计有后边侧装饰部件，取板时依据母板画出其外轮廓，在边肚饰片处加放7~8mm被盖量，底口处内缩约8mm以免局部过厚，后弧取自母板，拼接处不必加工艺余量，最后刻槽标记于其上的后套位置。

（三）内边肚样板

内边肚制板与外边肚方法一致，具体操作参照上书进行，区别在于内侧少掉后边侧部件，而从底口内缩约8mm，没有省去后套部分面积，制板结果如图6-22所示。

五、护眼饰片（内、外）及其补强样板制取

上文已提及，为了节约成本，护眼饰片内外腰工艺不同，外腰为TPU材料，射出成型，且上面饰有打孔装饰，而内腰饰片为一般革料，没有冲孔装饰。在样板制取时，需要在外腰饰片上做出车缝线槽位置及孔位，内腰饰片依母板轮廓取出即可，护眼饰片制板如图6-23所示。

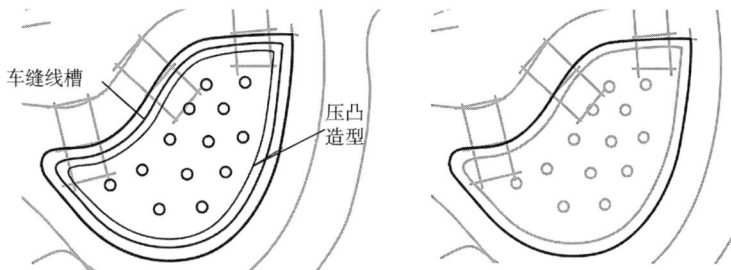

图 6-23 中帮篮球鞋护眼饰片外（左）、内（右）制板

饰片补强无须区分内外腰，在饰片样板基础上，一圈内缩约 3mm，得到饰片补强样板，如图 6-24 所示。

六、护眼长纤与织带样板制取

（一）护眼长纤

护眼长纤主要起到补强孔位与稳定鞋口部位造型的作用，样板多为单片式，制作时，每只鞋裁料 2 个。长纤上口造型与母板鞋口造型一致，从母板边沿向内缩进约 2mm，宽度取 15~20mm，以弧线画出长纤造型如图 6-25 所示。

（二）护眼织带

织带宽度根据设计图联系厂家进行定制，制板时需要确定织带长度、对折及被盖位置等辅助车缝的信息。

织带外露长度体现在母板中，被盖位置加放 7~8mm 被盖量，并刻槽标记，对折位置刻槽标记，即完成织带样板的制作，如图 6-26 所示。

七、后套、后套补强与后提带样板制取

（一）后套（后方）样板

后套，也叫"后方"，该部件位于鞋的后跟部位，主要用于稳定鞋后身，防止运动过程中的过度翻转。后套部件设计要与其他部件相匹配，造型变化多样。在样板制取时，多以对

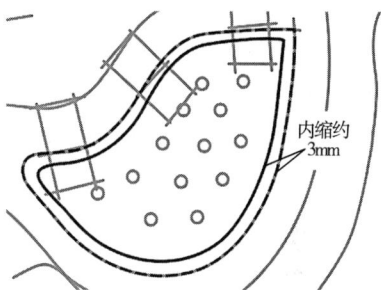

图 6-24 中帮篮球鞋护眼饰片补强制板

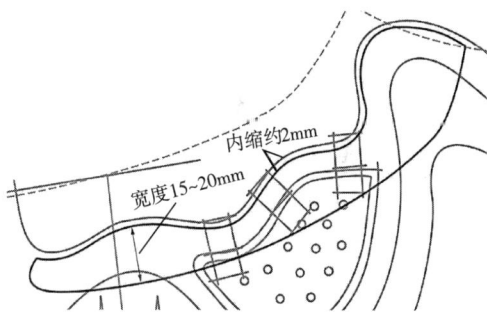

图 6-25 中帮篮球鞋护眼长纤制板

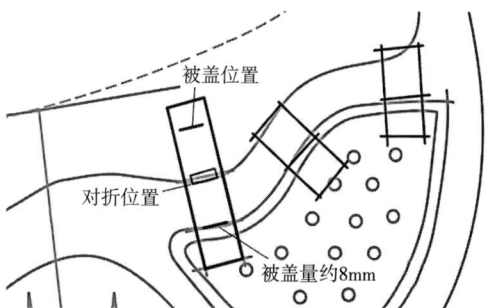

图 6-26 中帮篮球鞋护眼织带制板

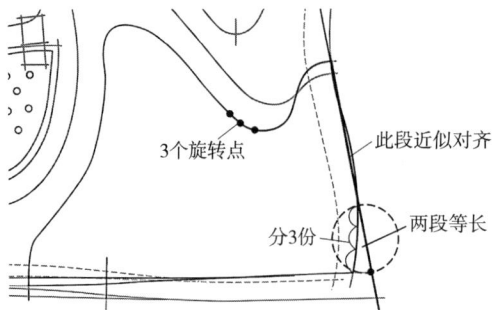

图6-27 中帮篮球鞋后套样板制取1

称形式出现。后弧无法直接对称，因此需要对后弧进行"拉直"取跷处理，以便进行对称操作。

对称操作前需要先设定一条对称线，对称线的设定方法为：过后套部件上端点画一条直线，该直线与母板后套后弧线间的最大距离在2mm以内，即可认为该段近似对齐、长度近似相等，该直线为后套部件对称线，如图6-27所示。

设定好对称线后，后套下口未与对称线对齐部分有两种处理方法：一是未对齐部分不做处理，直接对称，之后将内外腰"开衩"区域拼缝，此种处理方法适用于后跟处底墙高可以盖住拼缝处8mm以上的。二是取跷处理，通过转跷，使得下口未重合部分与对称线重合，进而完成对称操作（旋转取跷前先依母板复制出原始后套部件一个），具体过程如下。

（1）首先定出后套原本高度位置。与对称线近似重合部分，弧线与直线基本等长，此时需要在对称线上定出未重合部分的弧线长度，可以通过旋转逐段比对进行，如图6-27所示。

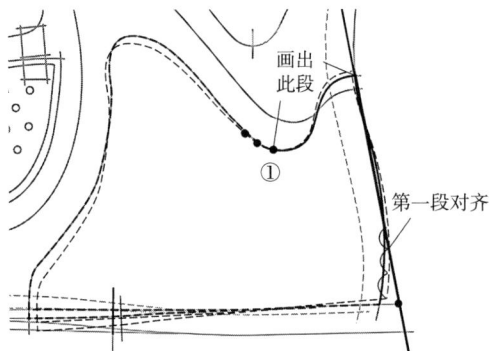

图6-28 中帮篮球鞋后套样板制取2

（2）将未重合区域分成2~3份，主要根据未重合部分长度来设定，此处以分成3份为例。

（3）设定旋转点。根据上一步所等分份数，确定旋转点个数（间距约5mm），旋转点一般取在后套部件凹弧或凸弧附近，避开最凸或最凹位置，同时旋转半径应取较短的。

（4）旋转之前，画出第一个旋转点之前的轮廓，然后以第一个旋转点为旋转中心，旋转后套，使得下口第一等份与对称线重合，如图6-28所示。

（5）接着画出第一、第二旋转点间5mm轮廓，再以第二个旋转点进行旋转操作，使第二等份与对称线重合，如图6-29所示。

（6）重复上述操作，画出第二、第三旋转点间5mm轮廓，再以第三个旋转点进行旋转操作，使第三等份与对称线重合，如图6-30所示。此时画出第三个旋转点之后所有线条，需注意底口线要顺连至最初

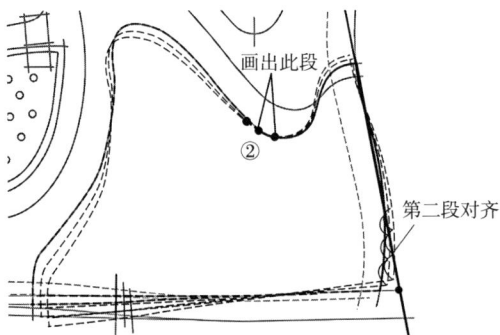

图6-29 中帮篮球鞋后套样板制取3

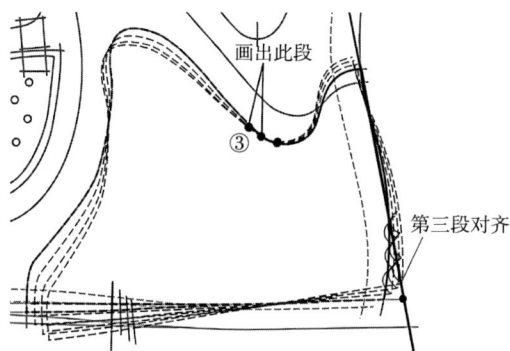

图 6-30　中帮篮球鞋后套样板制取 4

定位的后套高度点上。最后，对称刻出部件轮廓，做出标志点，如图6-31所示，完成后套部件旋转取跷制板。

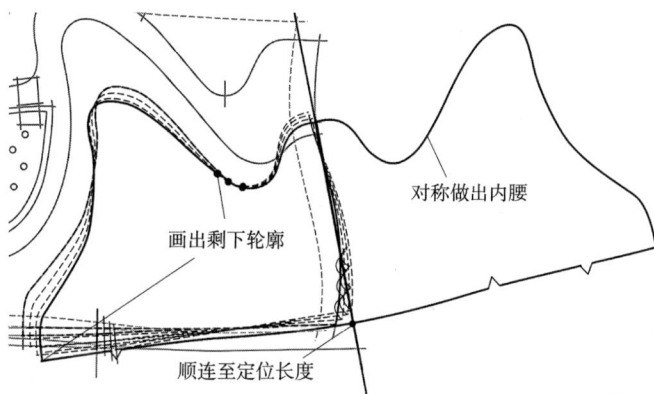

图 6-31　中帮篮球鞋后套样板制取 5

（二）后套补强样板

补强件顾名思义是用于提高局部强度的部件。后套补强制板以后套样板为基础，车缝一圈内缩约3mm，底口内缩约5mm，如图6-32所示，完成后套补强制板。

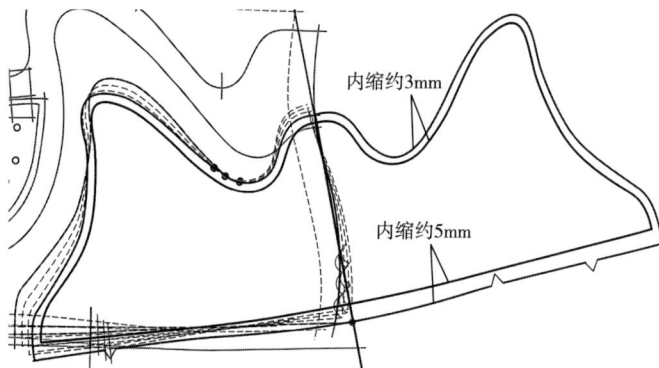

图 6-32　中帮篮球鞋后套补强样板制取

（三）后提带样板

由后视款式图可知，本案例在后跟处设计有后提带，后提带在设计上是近年来的一种流行元素，在功能上可以辅助穿脱，在结构上可以盖住后弧处内外腰的拼接线。

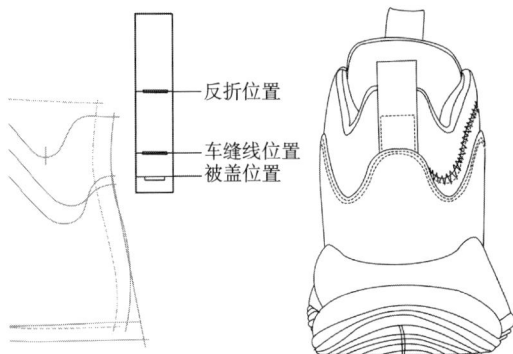

图6-33 中帮篮球鞋后提带样板制取

后提带部件制板须确定后提带的长度及标志位置，依据款式图及母板制取后提带样板，如图6-33所示。

八、领口海绵、后港宝（后衬）及领口补强样板制取

（一）领口海绵与后港宝样板

领口海绵与后港宝（后衬）都是放置于面、里之间的辅料，海绵主要功能是提高成鞋的穿着舒适性，后港宝（后衬）主要是提高成鞋的稳定性。海绵是发泡材料，柔软舒适，后港宝是硬质PVC材料，支撑性良好，为了防止硬质后港宝上口引起穿着不适感，在制板时需要海绵与后港宝重合12~15mm，因此制板时先确定海绵位置，再以海绵位置确定后港宝高度，制板过程如下。

（1）确定海绵与后港宝高度。篮球鞋海绵可以适当宽大一些，以提高舒适性，海绵高度取在后帮高1/2位置向下7~10mm，后港宝高度取在与海绵重合12~15mm位置。

（2）画出海绵与后港宝轮廓，如图6-34

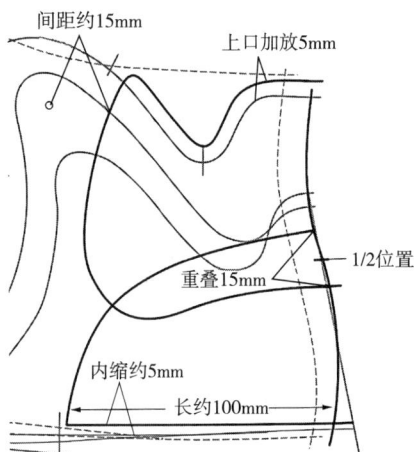

图6-34 中帮篮球鞋领口海绵与后港宝轮廓

所示。海绵向前长度取在距离最后一个鞋孔12~15mm位置，上口在母板基础上加放约5mm翻折量，用曲线画出海绵轮廓；后港宝长度约100mm，由底口内缩约5mm，再由重叠12~15mm处画弧线，得到后港宝轮廓。

（3）制取海绵样板。由海绵后上口向内缩进约3mm，画与底口线近似垂线为海绵对称线，依上步轮廓对称割下海绵样板，如图6-35所示。

（4）制取后港宝样板。将上步画好的后港宝高分成3份，第二份向内收进约4mm，与后港宝上端连线为对称线，最后一份开衩

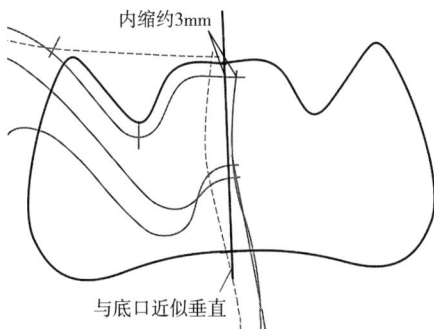

图6-35 中帮篮球鞋领口海绵制板

处理，单侧宽度约4mm，对称割下样板，如图6-36所示。

（二）领口补强样板

领口补强主要用于稳定鞋在后期穿着过程中上口的造型，制板时以母板为依据，宽度超出后套部件边沿约4mm。为避免局部过厚，上口在母板基础上内缩约3mm，制得领口补强样板，如图6-37所示。

九、头里、后里与边里样板制取

篮球鞋为了增强鞋子的抱脚性，防止脚在鞋腔中过度偏移，通常会将内里设计为一体式，即将头里、后里与鞋舌部件通过车缝连接为一体。因此，在取板时先在母板上定出各部件的拼接位置，如图6-38所示，然后再分别取板（视频6-2）。

（一）头里样板（视频6-3）

头里取板时在上一步画出的头里区域进行：①前尖处做约30°缺口，为楦体头厚跷度，再做小缺口，避免内外拼接后有凸起；②底口分内外，同时做出拉帮对位点与内腰标记点；③上口取上一步画出的拼接线，并做几个拼接对位点，如图6-39所示，完成头里取板。

（二）后里（翻口里）样板（视频6-4）

后里即翻口里，制板时在后弧处做对称处理，上口凹弧处做收量处理，因此需按上步确定的翻

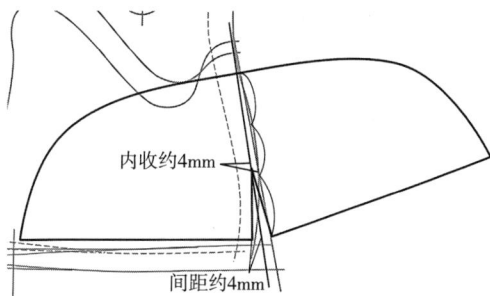

图 6-36　中帮篮球鞋后港宝制板

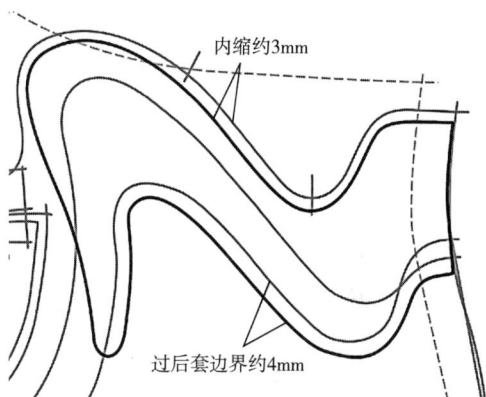

图 6-37　中帮篮球鞋领口补强制板

图 6-38　中帮篮球鞋各部件拼接位置

视频 6-2
一体式内里区域划分

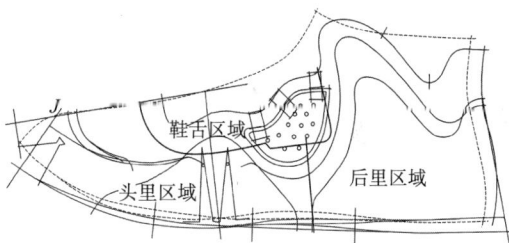

视频 6-3
头里样板制取

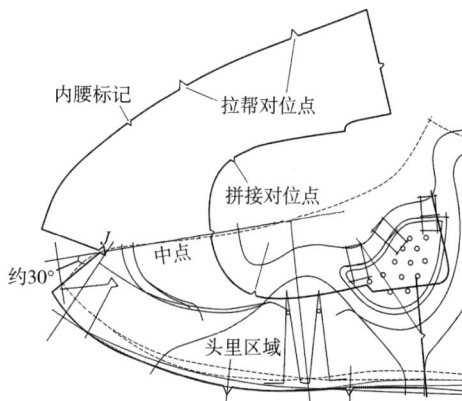

视频 6-4
翻口里平移法制板

图 6-39　中帮篮球鞋头里样板

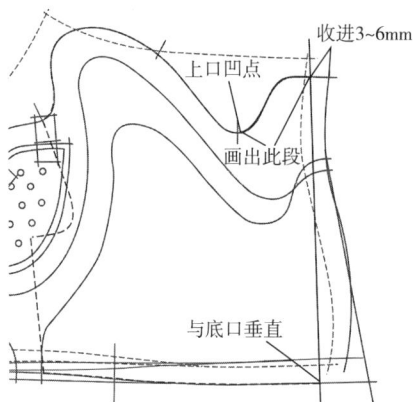

图 6-40　中帮篮球鞋翻口里制板 1

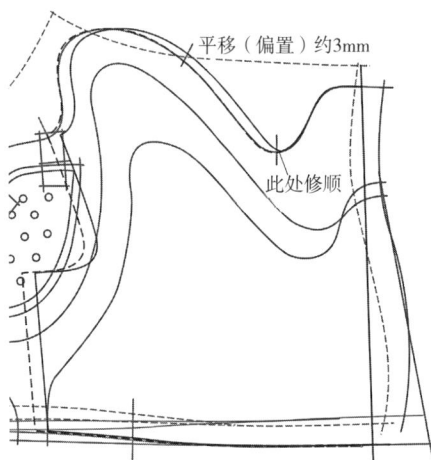

图 6-41　中帮篮球鞋翻口里制板 2

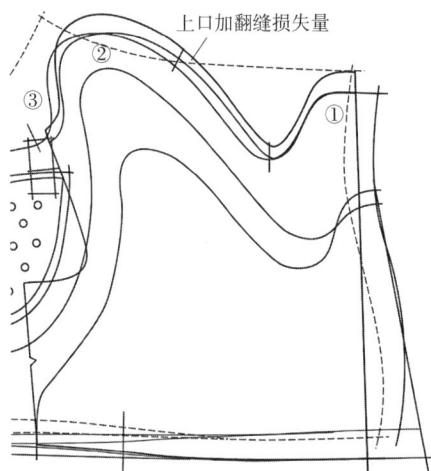

图 6-42　中帮篮球鞋翻口里制板 3

口里部件轮廓（图 6-38）复制出翻口里母板一个，再进行制板操作，制板过程如下：

（1）确定对称线：由于翻口里位于整个部件的最内侧，所需长度最短，且翻口里材料弹力较好，因此需要收量处理，一般由母板后弧上端点向里收进 5~10mm（具体根据试板而定），画与底口近似垂线为对称线，如图 6-40 所示。

（2）上口凹弧收量处理：当上口造型有凹弧设计时，反接翻折后在凹点附近容易起皱，因此需要收量处理。本节讲述另一种处理方式——平移处理法，也可用前章节所述的旋转（剪切）收量法。平移之前，画出凹点右侧（靠近对称线一侧）一段上口轮廓，之后将样板向对称线一侧平移 4~8mm（依据试板情况），再画出其余轮廓线，并将凹点处修顺，如图 6-41 所示。

（3）补足翻折损失量：一般翻口里的翻折损失量加放于底口，绷帮工艺加放约 20mm，套楦工艺加放约 13mm。本案例将头里、后里、舌里拼接做成一体式内里，若后里在底口加放 13mm，则头里与后里在底口高度落差较大。因此，本案例翻口里在底口余量加放量略少，约为 8mm，使得头里、翻口里在底口方便顺连拼缝，可在上口补足一定翻折损失量，主要补足高度方向的损失，宽度方向基本不变，如图 6-42 所示，主要在①②③处加放损失量，加放量约 5mm。

（4）最后做出翻缝对位点，对称线割下，完成翻口里的制板，如图 6-43 所示。

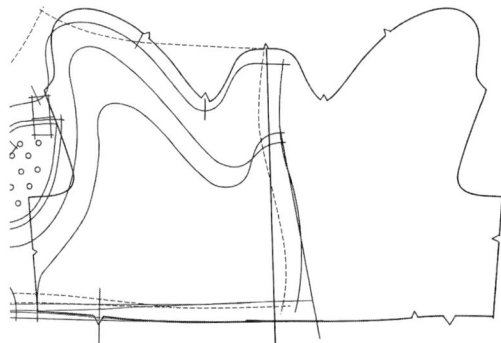

图 6-43　中帮篮球鞋翻口里制板 4

（三）边里样板

头里与后里拼接后已组成完整鞋套，本案例中之所以再增加边里部件，主要是通过边里部件遮挡车缝线，使成品鞋内腔更加平整，穿着更加舒适。因此，边里部件取在车缝线较多的边肚部位，以母板为依据，上口加放1.5~2mm修边量，修边量加至超出翻口里起针位置即可，底口依母板内外线条分别取板，或以外腰制取即可，如图6-44所示。

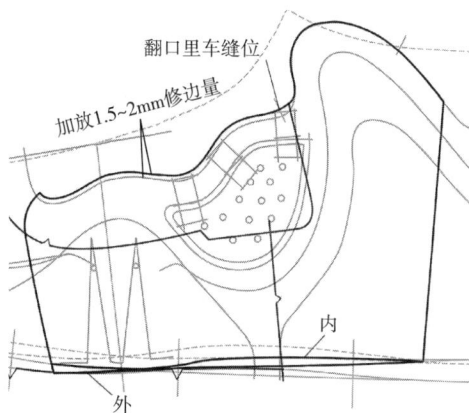

图6-44　中帮篮球鞋边里制板

十、鞋舌部位样板制取

对于一般的前开口式结构，鞋舌样板单独制作即可，本案例鞋舌在制板时需考虑与头里拼接，因此舌里前端要取至上一步定好的分界线处，舌下片样板可以略短一些。本节以一体式为例说明中帮鞋舌部件的制板过程，非一体式与此雷同，无须考虑与头里的拼接。

中帮、高帮鞋舌与低帮鞋舌制板有相似之处：①长度方向，均需要在前开口位置之前加放搭接量（一体式将拼接位置设定在口门之前），在脚山位置之后加放护口量；②宽度方向，口门处最窄处要盖住鞋孔10mm以上，且均为前窄后渐加宽的造型。

不同之处在于，中帮、高帮由于鞋帮加高、鞋舌变长，超出脚的舟上弯点部位，为了使鞋舌更加贴合脚背曲线，需要在舟上弯点部位（即拐点位置）做鞋舌跷度，通常在拐点处将舌面分割为舌上片与舌下片，通过上片、下片的反接或者搭接做出合适的跷度，再以舌面样板为基础，制作舌里和舌棉等样板。

（一）舌下网与舌上片样板（视频6-5、视频6-6）

为了使中帮、高帮鞋舌匹配脚背曲线，一般会将舌面在拐点附近分割为舌上片与舌下片。而舌下片往往采用网布，以增强成鞋的透气性，舌上片则采用与帮面相同的革料，以保持外观统一性。因此，本案例中舌面样板分别命名为舌下网与舌上片。

制取样板时，首先在拐点附近画出舌上片与舌下网的分界线，然后再确定对称线，做出鞋舌一半轮廓进行对称即可。舌下片可以以口门点与楦头脚连线为对称线（对称线与前开口轮廓线基本平行），舌上片对称线取决于设定的鞋舌翘起的程度，如图6-45所示。

视频6-5
一体式鞋舌面样及饰片样板制取

视频6-6
非一体式中帮鞋舌样板制取

1. 舌下网结构设计

如图6-46所示，由口门点向前10~15mm为舌下网的长度位置，本案例取在拼接线之后5mm处，鞋舌宽度取至头里、边里拼接线，在第一个护眼织带附近，宽度向内收进，即收进后不再与头里拼接（拼接过长，会影响鞋的开合性，不便穿脱），靠近拐点处略微加宽，使得鞋舌造型美观，即完成舌下网结构图的绘制。

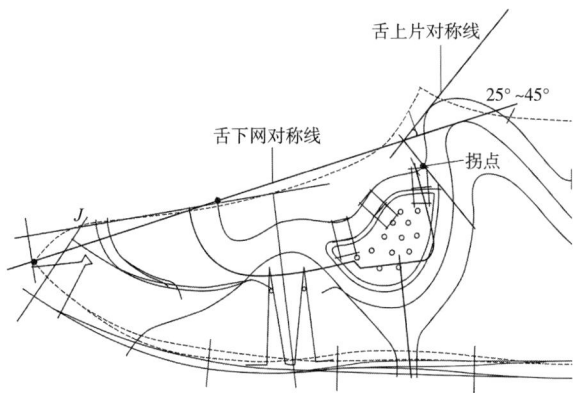

图 6-45 中帮篮球鞋确定鞋舌对称线

2. 舌上片结构设计

舌上片长度为脚山向后加放25mm左右的护口量，具体长度取决于款式设计，本案例护口量约为25mm，鞋舌上口宽度，男款42码取55~60mm，女款38码取50~55mm，再顺连至舌下片宽度位置，完成舌上片基本结构的绘制。最后，根据设计款式图，对鞋舌基本型做出调整。本案例中，舌上片在上口做了打角设计，使鞋舌上口显得更加秀气，具有造型感。最终，舌下网与舌上片的结构设计如图6-46所示。

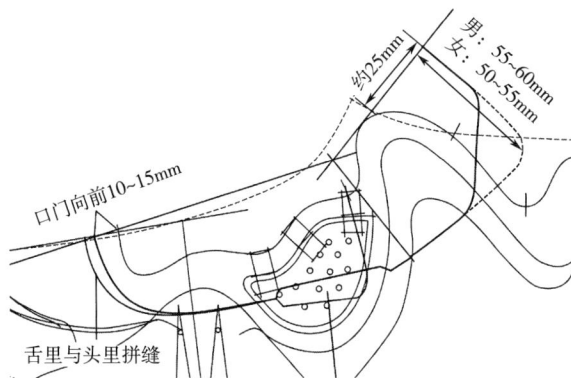

图 6-46 中帮篮球鞋舌面样板结构设计

3. 舌下网样板制取

如图6-47所示，以上一步画好的结构图为基准，再根据设计图加上饰片设计，经工艺分析，在后端加放4~5mm反接量，然后以舌下网对称线对称取板。最后，刻槽标记前端被盖位置及舌饰片对位线，反接量做打角处理，以免反接处外露，完成样板制取。

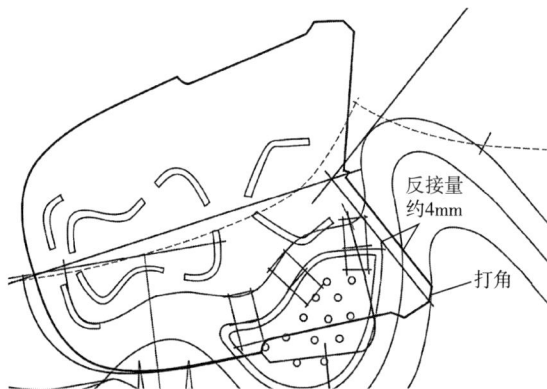

图 6-47 中帮篮球鞋舌下网样板制作

4. 舌上片样板制取

如图6-48所示，以上一步画好的结构图为基准，再根据设计图加上饰片设计，经工艺分析，在前端加放4~5mm反接量，然后以舌上片对称线对称取板。最后，刻槽标记舌饰片对位线，反接量做打角处理，以免反接处外露，完成样板制取。

（二）舌饰片与舌织带

中帮、高帮鞋舌面积较大，一般会设计装饰部件，以丰富鞋面，同时附加织带（吊带）用以固定鞋带。

本案例中舌饰片有两片，制板时以上一步在鞋舌上画出的饰片为基准，直接取板，在上饰片上做穿织带的切口标记，样板制取如图6-49所示。

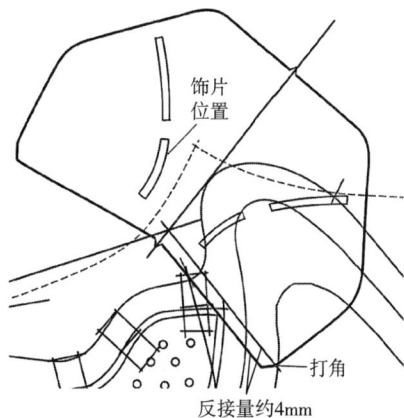

图 6-48　中帮篮球鞋舌上片样板制作

舌吊带样板制取主要确定样板长度、被盖位置及反折位置等，依据款式图在对应位置设计出吊带结构线，完成制板如图6-50所示。

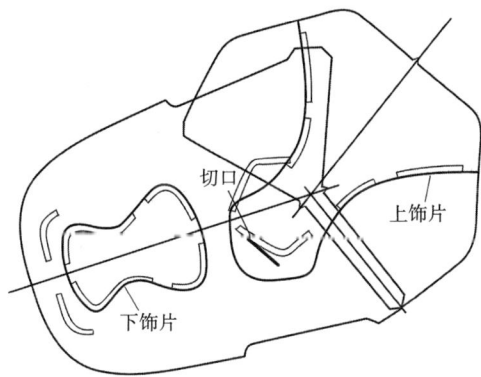

图 6-49　中帮篮球鞋舌饰片样板制作

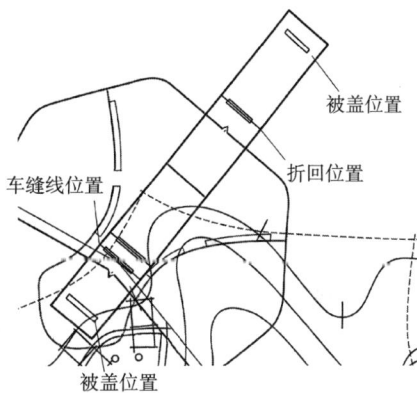

图 6-50　中帮篮球鞋舌织带样板制作

（三）舌里与舌棉样板（视频6-7）

1. 舌里样板

一般前开口式运动鞋的舌里样板以舌面样板为制板依据，前端长于舌面样板5~10mm，两侧略窄于舌面样板。在本案例中，如图6-51所示，舌里取板依然以舌面为依据，舌面样板在拐点处分割，同时做出鞋舌跷度，舌里结构可不必完全复制舌面，可将舌下网与舌上片对接起来，中间缺口即为舌里跷度。

视频 6-7
一体式舌里与舌棉
样板制取

拼接后的舌面样板，即为舌里样板的制板依据。由于舌里要与头里拼接，因此前端取至拼接线处，略长于舌面样板；侧边宽度与舌面同宽，即取至拼接线处；后端长度取至舌面等长处，中间缺口取自舌面，留4mm反接量，而不必断开，后期将舌里直接反接形成跷度后再与舌面结合，制板结果如图6-52所示。

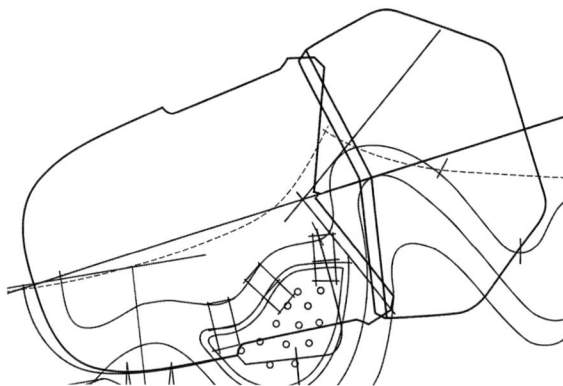

图 6-51　中帮篮球鞋舌下网与舌上片拼接

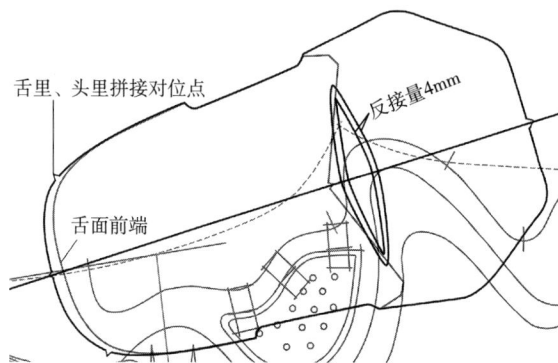

图 6-52　中帮篮球鞋舌里制板

2. 舌棉样板

舌棉放置于舌面与舌里之间，主要起增强舒适性的作用。在本案例中，舌棉制板也以拼接后的舌面样板为依据，舌棉取短一些，在提供舒适性的同时，增强成鞋的透气性。同时，由于舌棉较短，可以省去鞋舌跷度，制板结果如图6-53所示。

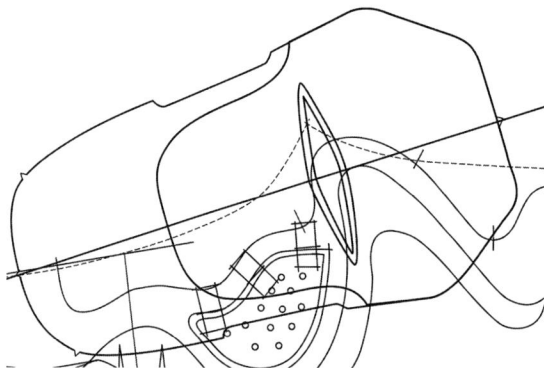

图 6-53　中帮篮球鞋舌棉制板

本章小结与综合练习

本章小结

重点：掌握套楦工艺中帮款式半面板的制作，理解拉帮对位点的标定方法与意义；

理解并掌握侧面板的两种折中处理方法；

掌握中帮款式基础性外框的绘制方法；

理解并掌握一体式结构内里的设计意义与制板方法；

理解并掌握中帮、高帮鞋舌跷度处理的意义与方法。

难点：理解并掌握一体式结构内里的设计意义与制板方法；

能够根据款式与材料变化调整相关制板参数；

具备舒适性、合理性及成本节约的结构设计与制板理念。

综合练习

实训目的：通过综合实训练习，掌握中帮款式篮球鞋及其他中帮休闲鞋的制板方法与技巧，主要掌握的知识及技能要点如下：

1. 中帮篮球鞋的设计特点与结构特点；

2. 侧面板的两种折中处理方法；

3. 中帮款式基础性外框的绘制方法；

4. 一体式结构内里的设计意义与制板方法；

5. 中帮、高帮鞋舌样板跷度制取的方法与意义；

6. 篮球鞋补强设计与制板；

7. 舒适性、合理性及成本节约意识的结构设计与制板技法。

实训要求：能根据成品实物、照片或款式图完成结构图绘制与结构设计，并根据工艺要求制作全套样板。

实训内容：以本章案例学习为基础，根据下列成品款式图或自己原创设计图完成对应的结构设计与全套样板制作。

学生开板作品案例：

实训参考案例一（图6-54、图6-55）：

图 6-54　中帮篮球鞋练习款式图1

图 6-55 中帮篮球鞋学生练习作品 1

实训参考案例二（图6-56、图6-57）：

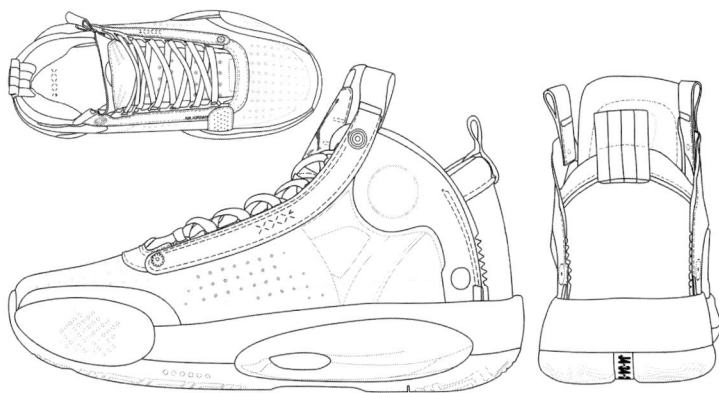

图 6-56 中帮篮球鞋练习款式图 2

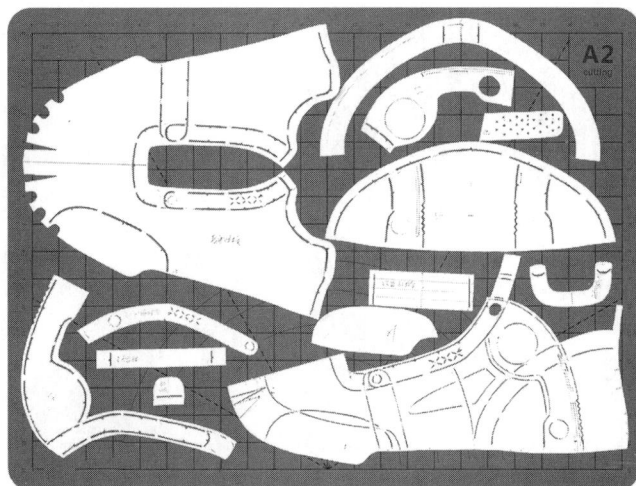

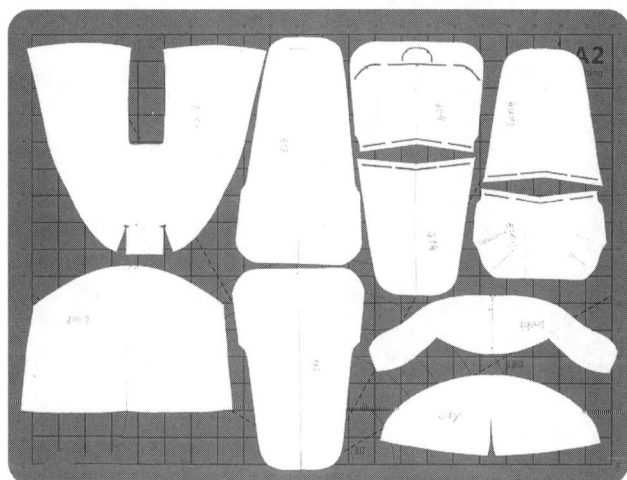

图 6-57　中帮篮球鞋学生练习作品 2

实训参考案例三（图 6-58、图 6-59）：

图 6-58　中帮篮球鞋练习款式图 3

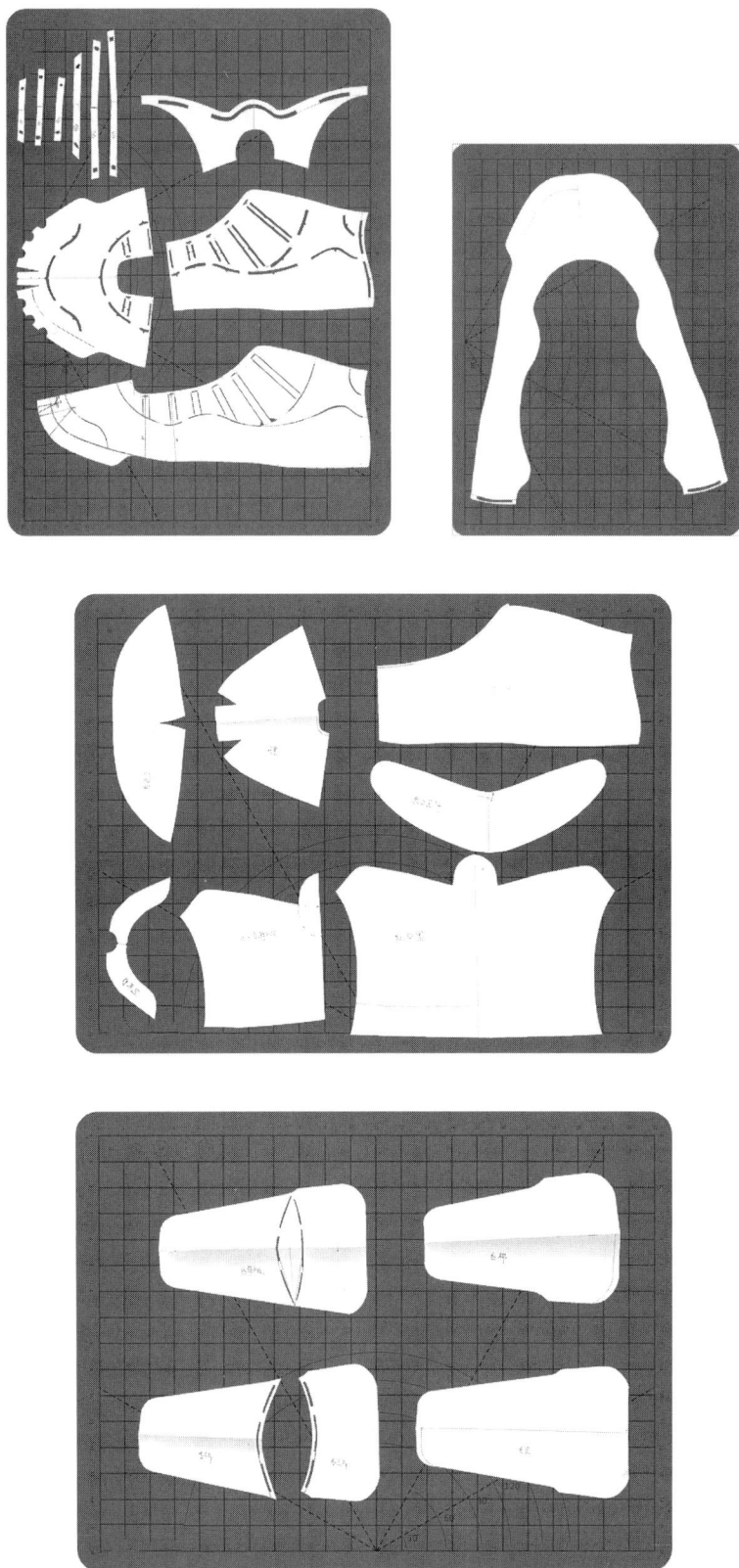

图 6-59　中帮篮球鞋学生练习作品 3

实训参考案例四（图6-60、图6-61）：

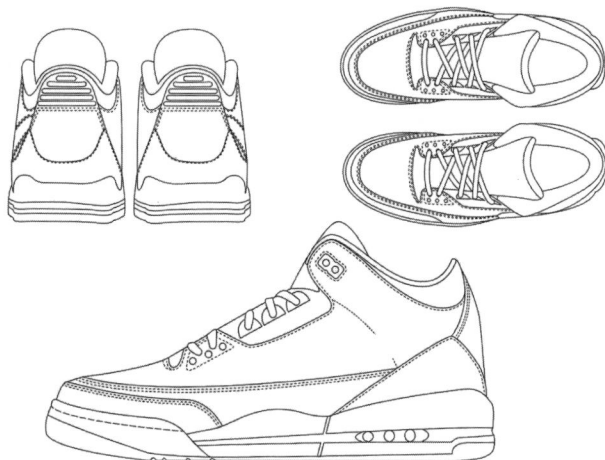

图6-60　中帮篮球鞋练习款式图4

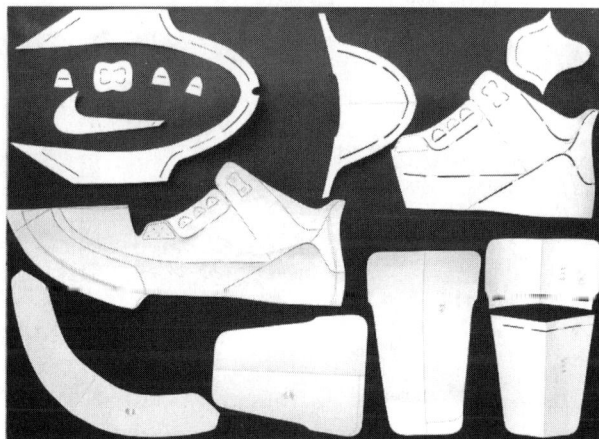

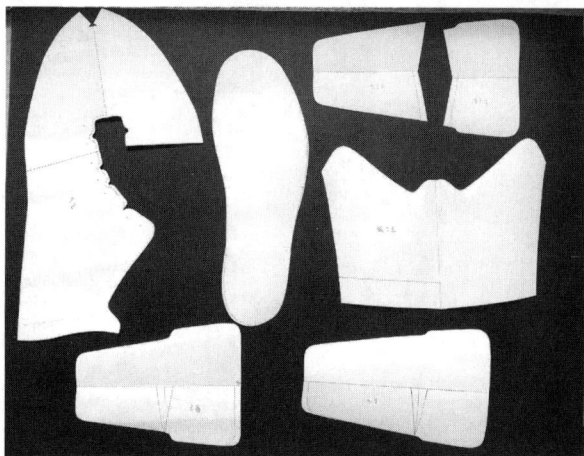

图6-61　中帮篮球鞋学生练习作品4

实训参考案例五（图6-62、图6-63）：

图 6-62　中帮篮球鞋练习款式图 5

图 6-63　中帮篮球鞋学生练习作品 5

实训参考案例六（图6-64、图6-65）：

图6-64 中帮篮球鞋练习款式图6

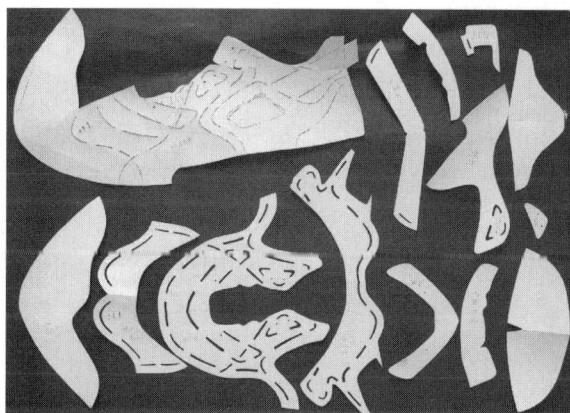

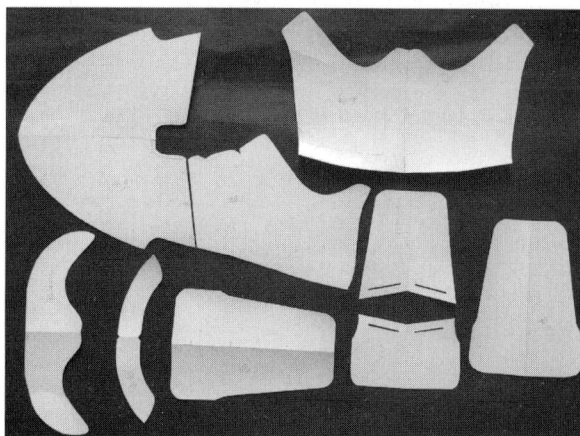

图6-65 中帮篮球鞋学生练习作品6

参考文献

［1］毛永，陈罘杲，何秀英，等. 现代运动鞋研究现状及运动生物力学相关研究动态［C］//
第十五届全国运动生物力学学术交流大会（CABS2012）论文摘要汇编. 南京，2012：
209-210.

［2］郑秀瑗. 现代运动生物力学［M］. 2版. 北京：国防工业出版社，2007.

［3］高士刚. 运动鞋结构设计［M］. 北京：中国纺织出版社，2011.

［4］丘理. 中国人群脚型规律的研究（之一）中国成人脚型基本规律［J］. 中国皮革，
2005，34（18）:135-139.

［5］刘珂珂. 基于人体工程学原理的休闲鞋人性化设计研究［D］. 无锡：江南大学，2009.

［6］高士刚，刘玉祥. 运动鞋的设计与打板［M］. 北京：中国轻工业出版社，2006.

［7］董云峰，杨生源，宋顺. 踝关节运动损伤的机制及康复治疗［J］. 当代体育科技，
2018，8（9）：17-18，20.

［8］崔士友，赵志蕊. 鞋楦纵剖面的设计技术研究［J］. 中外鞋业，2020（3）：13-17.

［9］陈国学. 鞋楦设计［M］. 北京：中国轻工业出版社，2005.

［10］施凯，崔同占. 鞋类结构设计［M］. 北京：高等教育出版社，2018.

［11］张英，邱国鹏，曾桂煌. 运动鞋制版取跷技术的研究与分析［J］. 皮革科学与工程，
2019，29（4）：64-69.

［12］高士刚. 鞋帮设计-Ⅰ-满帮鞋［M］. 北京：中国轻工业出版社，2015.

［13］韩建林，陈媛，廖梦旖，等. 运动鞋工业制版跷度转换技术研究［J］. 黎明职业大
学学报，2017（1）：83-88.

［14］汤运启. 基于高速荧光透视成像的运动鞋帮高对足踝侧切动作影响的生物力学研究
［D］. 上海：上海体育学院，2021.

［15］牛春欢. 篮球鞋构造对足部力学影响的研究分析［J］. 当代体育科技，2021，11（1）：
236-238.

［16］曾攸攸，吴晓莹，莫静怡. 人体工程学在篮球鞋设计中的应用［J］. 西部皮革，
2019，41（1）：41-43.